建筑构造基础

主　编　戴淑娟　莫妮娜
副主编　冯桢懿　张　哲　王春建

中国建筑工业出版社

图书在版编目（CIP）数据

建筑构造基础 / 戴淑娟，莫妮娜主编；冯桢懿，张哲，王春建副主编. — 北京：中国建筑工业出版社，2022.8

ISBN 978-7-112-27518-2

Ⅰ. ①建… Ⅱ. ①戴… ②莫… ③冯… ④张… ⑤王… Ⅲ. ①建筑构造 Ⅳ. ①TU22

中国版本图书馆 CIP 数据核字（2022）第 101795 号

本书根据建筑类专业初学者的学习特点，以系统理论为依据，根据建筑行业对建筑技术人才的要求，结合大量建筑实例，反映现代建筑构造的最新动态和做法，并遵循我国建筑业的最新标准，运用简练的文字、真实的建筑实例、翔实的内容阐述了民用建筑的构造方法及做法，着重于对基本知识的传授和基本技能的培养。同时，通过增强现实技术，以"互联网＋教材"的思路，应用虚拟仿真实验技术，对书中的部分内容进行了三维模型的构建，使读者对于"建筑构造"课程的学习有了更直观的认识和了解。

本书结合线上线下混合学习模式，录制了相关音频，读者通过扫描书中的二维码，即可收听到老师们录制的相关音频课程，方便随时随地学习。本书录制了配套慕课《建筑构造基础》，在"学堂在线"上线，方便老师开展线上线下混合式教学以及翻转课堂使用。

本书共分为 8 个章节，主要内容涵盖了建筑物的各组成部分，包括绪论、基础、墙体、楼板层与地坪层、楼梯、屋顶、门窗以及变形缝，每个章节都有学习要点和复习思考题。体系完备、内容翔实、图文并茂、深入浅出、系统性强，注重实践和理论的结合。

本书可作为建筑学、城乡规划以及风景园林等建筑类专业的教学用书，亦可供广大从事建筑设计与建筑施工的技术人员和土建专业成人教育师生阅读。

责任编辑：刘婷婷

责任校对：张　颖

建筑构造基础

主　编　戴淑娟　莫妮娜

副主编　冯桢懿　张　哲　王春建

*

中国建筑工业出版社出版、发行（北京海淀三里河路 9 号）

各地新华书店、建筑书店经销

北京鸿文瀚海文化传媒有限公司制版

廊坊市海涛印刷有限公司印刷

*

开本：787 毫米×1092 毫米　1/16　印张：9½　字数：234 千字

2022 年 7 月第一版　2022 年 7 月第一次印刷

定价：**38.00** 元（含增值服务）

ISBN 978-7-112-27518-2

（39055）

前　言

面对数字化发展的整体趋势，建设教育专网和"互联网＋教育"大平台，为教育高质量发展提供数字底座，充分利用现代信息技术拓展建筑学科的内涵与外延，以推进数字技术在建筑学科专业课程中的运用，我们编写了这本教材。力争从感官到理性全面、深入地提升读者对建筑细节的认识，使其掌握更多的构造专业知识，从而实现由局部到整体的学习目的，便于读者掌握建筑构造基础这门学科的主要内容。

本书由成都理工大学教师戴淑娟、莫妮娜、冯桢懿、王春建、张哲编写；成都理工大学教师戴淑娟、程霞、肖瑜、冯桢懿参与音频录制；学生陈晨、唐晓敏参与图片拍摄；成都理工大学建筑学专业学生参与绘图工作；在此一并感谢。

作者
2021 年 6 月

目　录

第1章 绪 论

建筑构造基本知识

本章主要学习建筑构造的基本概念，重点掌握建筑物的构造组成，掌握影响建筑构造设计的因素，熟练掌握构造设计的基本原则，理解建筑模数，了解标志尺寸、构造尺寸、实际尺寸及其相互间的关系。

建筑构造是研究建筑物的构造组成，以及各构成部分的组合原理与构造方法的学科，其主要任务是在建筑设计过程中，综合考虑使用功能、艺术造型、技术经济等多方面的因素，运用物质技术手段选择建筑的构造方案和构配件组成，并进行细部节点构造处理等。

随着虚拟仿真技术的发展与应用，对建筑构造的探索已经不再局限于通过二维图纸和工程现场来实现，尤其在学习过程中，通过虚拟仿真平台可以在虚拟环境更直观地了解建筑构造基本内容，协调各组成要素之间的关系。

1.1 建筑物的构成系统

1. 支撑系统

建筑物的支撑系统是建筑物受力结构系统，也是保证结构稳定的系统，在荷载传递以及保证结构稳定性方面有着重要作用。建筑物的楼地面、柱、屋面以及起承重作用的墙体都属于受力结构体系。

结构体系承受竖向荷载和侧向荷载，并将这些荷载安全地传至地基，一般将其分为上部结构和地下结构：上部结构是指基础以上部分的建筑结构，包括墙、柱、梁、屋顶等；地下结构指建筑物的基础结构。

结构系统根据力量传递的途径，分为以下三种：

（1）垂直传递，即以负责将板、梁等水平力传递至支承点的构件来分，大致分为：柱系统（图1.1-2）、墙（或剪力墙）系统（图1.1-1）、悬吊系统。

图1.1-1 墙系统

图1.1-2 柱系统

（2）水平传递，即以负责传递水平力的构件来分，大致分为：梁系统、板系统、特殊板系统。

（3）分向传递系统，为实现较特殊的外型，将力的方向改变或分散传递至支承处，如：折板结构、悬索结构等。

图 1.1-3　建筑维护体

2. 围护与分隔系统

建筑空间的形成，与围护、分隔方式有着紧密的联系，在建筑物中，往往起到限定空间，区分内、外关系的作用。不起承重作用的框架填充墙、轻质隔墙等都属于围护分隔系统，它们的构件自身并不承重，但其自重却需要通过结构系统传递到基础上，因此，它们在建筑物整体系统当中的位置以及与承重支撑体系的合理连接是非常重要的。

围护结构分为透明和不透明两种类型；不透明围护结构有墙、屋面、地板、顶棚等；透明围护结构有窗户、天窗、阳台门、玻璃隔断等（图 1.1-3）。

按是否与室外空气直接接触，又可分为外围护结构和内围护结构。在不需要特别加以指明的情况下，围护结构通常是指外围护结构，包括外墙、屋面、窗户、阳台门、外门，以及不供暖楼梯间的隔墙和户门等。

围护结构应具有下述性能：保温、隔热、隔声、防水防潮、耐火、耐久。

3. 附属系统

在建筑物中，除主体部分相关的，还有如供水、照明、供气、供暖、空调、通信等，有大量依附于主体建筑的其他系统（图 1.1-4）。这些附属系统的设置是改善建筑内部质量，提升人工环境品质的重要途径，而主体结构为这些附属系统提供了支撑和必要的空间及屏障。

图 1.1-4　建筑附属系统

1.2 建筑物的构造组成

1. 基础

建筑物的垂直承重构件，承接建筑物上部荷载并传递给地基。基础必须坚固、稳定和可靠。建筑物地面以下的承重结构，如基坑、承台、框架柱、地梁等，是建筑物的墙或柱子在地下的扩大部分，其作用是承受建筑物上部结构传下来的荷载，并把它们连同自重一起传给地基。按构造形式可分为条形基础、独立基础、满堂基础和桩基础。按使用的材料分为：灰土基础、砖基础、毛石基础、混凝土基础、钢筋混凝土基础。按受力性能可分为：刚性基础和柔性基础。

2. 楼地层

提供使用者在建筑物中活动所需要的各种平面，同时将由此而产生的各种荷载传递到支承它们的垂直构件上去。楼板层应有足够的强度、刚度、隔声、防水、防潮、防火等能力。地坪层是底层房间与土壤层相接触的部分，它承受着底层房间内部的荷载。地坪层应具有坚固、耐磨、防潮、防水和保温等性能。

3. 墙和柱

作为承重构件，把建筑上部的荷载传递给基础。在不同结构体系的建筑中，墙体所起到的作用不完全相同。在墙承重的建筑中，墙体既是承重构件，也是围护构件；而在框架承重的建筑中，柱和梁形成框架承重结构体系，墙体仅仅是分隔空间或是对建筑物起到围合作用。作为围护构件，外墙起着抵御自然界各种因素对室内侵袭的作用；内墙起分隔房间的作用。为此，要求墙体要有足够的强度、稳定性、隔热保温、隔声、防水及防潮、防火、耐久等性能。柱是框架或排架结构的主要承重构件，和承重墙一样承受着屋顶和楼板层传来的荷载，它必须具有足够的强度、刚度和稳定性。

4. 屋盖

支承屋面设施及雨雪荷载，并将这些荷载传递给承重墙或梁柱，同时又承担着分隔顶层空间与外部空间的作用。通常包括防水层、屋面板、梁、设备管道、顶棚等；其形式对建筑物的形态起着重要的作用。屋顶应有足够的强度、刚度及隔热、防水、保温等性能。

5. 楼梯

建筑物中垂直交通的联系部件，既要解决交通问题，同时需要满足紧急事故时人员的疏散。因此，楼梯需要坚固耐久也要能够满足消防安全的要求，同时应有足够的通行能力以及防水、防滑的功能。

6. 门窗

门主要用于开闭室内外空间，通行或阻隔人流；窗主要用于采光和通风，除满足隔声、防盗、热工等要求外，门窗还兼有分隔和围护空间的作用。门与窗均属非承重构件，且又是建筑造型的重要组成部分，所以它们的形状、尺寸、比例、排列、色彩、造型等对建筑的立面造型有着很大的影响。

建筑构件除了以上六大组成部分外，还有其他附属部分，如阳台、雨篷、散水、台阶、烟囱、爬梯等（图 1.2-1）。

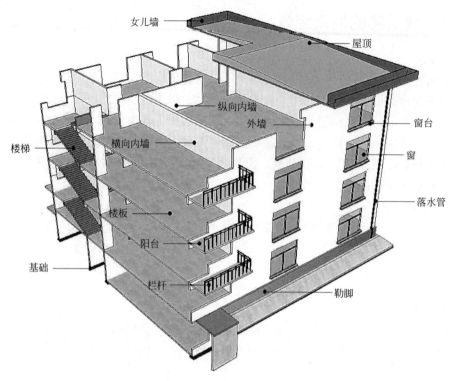

图 1.2-1　建筑物的基本构造组成

1.3　影响建筑物构造设计的因素

　　建筑是人类工作生活的重要场所，它可以抵抗自然界以及人为的各种破坏因素的冲击，但其本身的寿命是有限的。建筑物处于自然环境和人为环境之中，受到各种自然因素和人为因素的作用。所以，为了提高建筑物的使用质量、耐久年限以及抵抗冲击的能力，保留建筑艺术审美，延长建筑使用寿命，在建筑构造设计时，必须充分考虑各种因素的影响，尽量利用其有利因素，避免或减轻不利因素的影响，提高建筑物对各种外界环境影响的抵御能力，并根据各种因素的影响程度，为设计提供或采取相应的、合理的构造方案和措施。影响建筑构造的因素很多，归纳起来主要有以下几个方面。

1. 自然环境的影响

　　自然环境包括各种自然现象及地理环境，日照、温度、湿度、风霜、雨雪、冰冻、地下水等建筑所处的自然环境，对建筑构造都会产生很大的影响，对于这些影响，在构造上必须考虑相应的措施，如防水防潮、保温隔热、通风防尘、排水组织等。在虚拟仿真系统中，可以通过模拟不同区域、不同场地条件下的自然环境，并结合设计条件完成建筑构造的设计。

　　建筑物处于不同的地理环境，各地的自然条件有很大的差异。我国幅员辽阔，南北东西气候差别很大，建筑构造设计必须与各地的气候特点相适应，建筑构造做法必然具有明显的地域特征。如果对自然环境因素的影响估计不足的话，就会造成由于构造设计失误形成的建筑物渗水、漏水、冷空气渗透、室内过热或过冷、构件开裂，甚至更严重的破坏，从而影响建筑物的正常使用。

在构造设计时，必须掌握建筑物所在地区的自然环境条件，针对所受影响的性质和程度，对建筑物各个部位采取相应的防范措施，如保温、隔热、防水、防潮等等，以防患于未然。在建筑构造设计时，也应充分利用自然环境的有利因素。例如，利用自然风通风降温、利用太阳辐射改善室内热环境等。

2. 人工环境的影响

人类在长期的生产实践和社会活动中，营造了庞大的人工环境系统，建筑物本身也是这个系统链中的一个环节，因此，人工环境对建筑物的影响是交互性的，如火灾、噪声、地震等，在建筑构造上就需要采取相应的措施。

人类的各种生产和生活活动往往会造成对建筑物的影响，如机械振动、化学腐蚀、噪声、生产和生活中的用水、各种因素引起的火灾和爆炸等，都属于人为因素的影响。所以，在进行建筑构造设计时，必须针对各种可能的因素，在建筑构造上需要采取相应的措施，如隔振、防腐、防爆、防火、防水、隔声等，以保证建筑物的正常使用。

3. 使用者的需要

建筑物是为人提供服务的，在建筑构造设计过程中，满足使用者的生理和心理需求，离不开合理、细致的构造设计。使用者的需求包含生理需求和心理需求两个部分，生理需求主要体现在人类活动对构造实体及空间环境的需求，心理需求主要是使用者对构造实体、细部和空间尺度的需求。

4. 技术条件的影响

建筑技术条件主要是指建筑所处地区的建筑材料技术、结构技术和施工技术等。技术条件随着社会的发展，呈现出多元化，并为空间的发展提供了有力的支撑。尤其是随着虚拟现实技术在建筑构造设计方面应用的逐渐深入，数字化的辅助可以加速设计工作进程，扩大视野，加强设计的预见性，使其更为合理。

例如，随着建筑材料工业的不断发展已经有越来越多的新型材料出现，并且带来了新的构造做法和相应的施工方法，结构体系的发展对建筑构造的影响也更大。因此，建筑构造不能脱离一定的建筑技术条件而存在，它们之间是互相促进、共同发展的。

5. 经济要素的影响

经济要素主要是建筑各个环节的经济投入，主要指建筑的造价要求对建筑质量和档次的影响。因此，建筑的构造方式、选材、选型和细部做法都需要根据建造标准来确定。为了减少能耗、降低建造成本，在建筑方案设计阶段（影响工程总造价的关键阶段）就必须深入分析各建筑设计参数与造价的关系，即在满足适用、安全的条件下，合理选择技术上可行、经济上节约的设计方案。

6. 各种荷载作用的影响

建筑物要承受各种荷载作用的影响，一般把荷载分为可变荷载（也称活载，例如人、家具、设备、风、雪的荷载等）和永久荷载（也称恒载，例如建筑物自重等）。除此之外，按照荷载的作用方向，荷载可分为水平荷载（例如风荷载和地震作用等）和竖向荷载（所有由地球引力而发生的荷载)。

荷载的大小和作用方式是建筑结构设计的主要依据，也是结构选型的重要基础。它决定着建筑结构的形式、构件的材料、形状和尺寸，而构件的选择、形状和尺寸与建筑构造设计有着密切的关系，是建筑构造设计的重要依据。

1.4 建筑构造设计原则

影响建筑构造的因素非常多，这些影响因素涉及的学科也非常多，这给建筑构造设计的合理、经济和完美带来了很大的难度。设计者必须全面深入地了解和掌握影响建筑构造的各种因素，掌握建筑构造的原理和方法，做出最优化的构造方案和设计。所以，在建筑构造设计的过程中，以下设计原则应给予充分注意。

设计原则及
模数

1. 实用

建筑最重要的功能就是满足使用者的需要，建筑构造的设计是为了更好地服务于建筑空间的形成，实用是建筑应达到的基本标准，是从整体到局部都应注重的原则。建筑构造的原理是不变的，但建筑构造的具体做法却是千变万化的，这是因为每一个具体的建筑物所处的环境条件地理位置不同、性质用途和使用功能不同，或者是民族传统和历史文化的差异，这都会带来具体建筑构造做法上的不同。

2. 安全

坚固是构造设计要考虑的首要问题，在保证建筑的整体承载力和刚度的同时，通过先进的技术，在更大程度上满足使用者对建筑空间的使用要求。所以在建筑构造设计时，除了根据建筑物承受荷载的情况来选择结构体系，确定构件的材料、形状和尺寸之外，还必须通过合理的构造设计，以满足建筑物室内外各部位的装修以及门窗、栏杆扶手等一些建筑配件的坚固安全的要求，以此来确保建筑物在使用过程中的可靠和安全。

3. 经济

建筑的最终实现，都有经济的投入，建筑构造设计也应考虑经济的合理性，在保证质量的前提下适当地选用建筑材料，降低能耗，实现可持续性。在建筑材料的选择上，还应注意因地制宜、就地取材，采用有利于节约能源和环境保护的再生材料等，节省有限的自然资源。

4. 美观

建筑的审美包含对建筑构造的要求，注重整体与局部的关系，注重美学在建筑构造上的体现也是建筑设计追求的目标之一。建筑构造设计是建筑方案和建筑初步设计的继续和深入，因此，建筑构造设计还应该考虑建筑物的整体以及各个细部的造型、尺度、质感、色彩等艺术和美观的问题（图 1.4-1）。如有考虑不当，往往会影响建筑物的整体设计效果。因此，建筑构造设计是事关整个建筑设计成败的一个非常重要的环节，应事先周密考虑。

(a) 教学楼

(b) 阅览室

(c) 办公楼

(d) 艺术馆

图 1.4-1　建筑物的不同形态

1.5　建筑模数

　　建筑模数是指在建筑设计中，为了实现建筑工业化大规模生产，使不同材料、不同形式和不同制造方法的建筑构配件、组合件具有一定的通用性和互换性，统一选定以协调建筑尺度的增值单位，是建筑设计、建筑施工、建筑材料与制品、建筑设备、建筑组合件等各部门进行尺度协调的基础，其目的是使构配件安装吻合，并有互换性。我国建筑设计和施工中，必须遵循《建筑模数协调标准》GB/T 50002—2013。

1. 建筑模数的分类

（1）基本模数，基本模数的数值规定为100mm，表示符号为M，即1M等于100mm，整个建筑物或其中一部分以及建筑组合件的模数化尺寸均应是基本模数的倍数。

（2）扩大模数，指基本模数的整倍数。在构件设计中，为减少类型，统一规格，常使用扩大模数，有2M、3M、6M、9M、12M、15M、30M、60M等多种，其对应尺寸为200mm、300mm、600mm、900mm、1200mm、1500mm、3000mm、6000mm。

（3）分模数，指整数除基本模数的数值。分模数多用于构造构件中，为了满足细小尺寸的需要，其基数为M/10、M/5、M/2等，相应的尺寸为10mm、20mm、50mm。

（4）模数数列，指由基本模数、扩大模数、分模数为基础扩展成的一系列尺寸。建筑物的开间或柱距，进深或跨度，梁、板、隔墙、门窗洞等各部分的截面尺寸宜采用水平基本模数和水平扩大模数数列，水平扩大模数数列宜采用$2n$M、$3n$M；建筑物的高度、层高和门窗洞口高度等宜采用基本模数和竖向扩大模数数列，竖向扩大模数数列宜采用nM；构造节点的分部件的接口尺寸等宜采用分模数数列M/10、M/5、M/2。

2. 建筑模数的尺寸

为了保证建筑制品、构配件等有关尺寸的统一协调，《建筑模数协调标准》GB/T 50002—2013规定了标志尺寸、构造尺寸、实际尺寸及其相互间的关系。

（1）标志尺寸：用以标注建筑物定位轴线间的距离（如开间或柱距、进深或跨度、层高等）以及建筑构配件、建筑组合件、建筑制品、有关设备位置界限之间的尺寸。标志尺寸应符合模数数列的规定（图1.5-1）。

（2）构造尺寸：建筑构配件、建筑组合件、建筑制品等的设计尺寸，一般情况下标志尺寸减去缝隙为构造尺寸。缝隙尺寸应符合模数数列的规定（图1.5-1）。

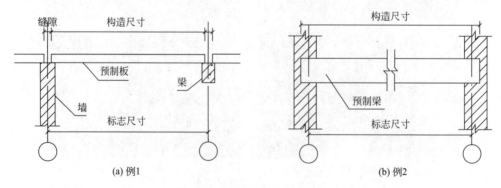

图1.5-1　标志尺寸与构造尺寸

（3）实际尺寸：建筑构配件、建筑组合件、建筑制品等生产制作后的实际尺寸。这一尺寸因生产误差造成与设计的构造尺寸有差值，这个差值应符合施工验收规范的规定。

思考题

1. 建筑构造设计的主要任务是什么？
2. 建筑物的构造组成包含哪些？
3. 影响建筑物构造设计的因素有哪些？
4. 建筑构造设计原则是什么？
5. 建筑模数有哪些类型？

第2章 基础

学习要点

本章主要学习基础的分类和构造。重点掌握地基与基础的概念及主要构造做法，了解建筑中地基与基础的重要作用，了解影响地基质量的因素，理解地基质量的改善方法，掌握如何确定基础的埋置深度，了解基础底面积与地基承载力的关系，熟练掌握基础的类型与选择，理解刚性基础与柔性基础的概念及其构造方式（图 2.0-1）。

图 2.0-1 基础

2.1 概述

基础是房屋的重要组成部分，与地基紧密相连，基础和地基的设计是建筑设计中决定建筑物安全的重要部分，与建筑物的安全和正常使用有着密切的关系。地基和基础一旦出现问题，一般难以补救。

基础的基本知识

设计基础和地基时，要考虑场地的工程地质和水文地质条件，同时也要考虑建筑物的使用功能要求、上部结构特点以及施工条件、周围已有建筑物的影响等因素，使基础满足安全可靠、技术先进、便于施工以及经济合理等要求。

2.1.1 地基与基础的定义

在建筑工程中，建筑物底部与地基土直接接触的部分称为基础。支承建筑物、受到建筑物上部荷载影响的土层称为地基。

基础是建筑物的主要承重构件，通常位于地面以下，属于隐蔽工程，承受着建筑物上部结构构件墙或柱等传来的全部荷载，并将荷载传递给地基土。基础质量的好坏，关系着整个建筑物的安全，一旦出现事故，几乎都不可挽救。

地基是支承基础的土体或岩体。地基不属于建筑物的组成部分，它是承受建筑物的荷载、受到荷载影响的土层。其中，具有一定的地耐力、直接与基础相连的土层称为持力层，持力层以下受到荷载影响的土层称为下卧层（图 2.1-1）。地基土层在荷载作用下产生变形，如果基础传给地基的荷载超过地基土的承载力，地基将会出现较大的变形和失稳，直接影响建筑物的安全和正常使用。

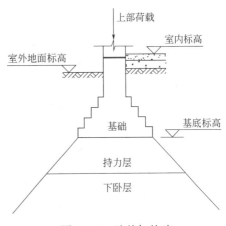

图 2.1-1　地基与基础

地基土受到上部荷载的影响随着土体深度的加深以及土体宽度的增大而逐渐减小，到一定深度和宽度后土体承受的荷载影响可以忽略不计。下卧层虽然不直接提供承载力，但如果下卧层是软弱土层，或者土层受荷载影响变形较大，基础则会发生较大的沉降，或者发生不均匀沉降，影响建筑物的安全和正常使用。

对地基进行处理或者更换持力层，能有效解决因地基土承载力不够以及土层变形过大导致的建筑物沉降过大和不均匀沉降问题。

2.1.2　地基的分类

地基可分为天然地基和人工地基两大类。

1. 天然地基

凡位于建筑物下面的土层，如果不需要经过人工改良和加固，就有足够的承载能力，即可直接承受建筑物的全部荷载并满足变形要求，这种土层为天然地基。一般作为天然地基的有岩石、碎石土、砂土、粉土、黏性土等工程力学性质良好的土层（图 2.1-2、图 2.1-3）。

图 2.1-2　天然地基——开挖后做筏板基础

图 2.1-3　地基分层

2. 人工地基

当上层的承载能力较低或虽然土层较好，但因上部荷载较大，土层不能满足承受建筑物荷载的要求时，必须对土层进行人工处理，以提高其承载能力，改善其变形性质或渗透性质，这种经过人工方法进行处理的地基称为人工地基（图 2.1-4）。

天然地基与人工地基的概念是相对的。同一地基，对于荷载小的房屋来说是天然地基，对于荷载较大的房屋就需要处理成人工地基，或改变基础形式。

人工地基的主要处理方法有夯实法、换填法、打桩法、挤密法及化学加固法。

图 2.1-4　基坑边坡做排桩

2.1.3　地基与基础的关系

1. 地基与基础之间相互影响、相互制约。地基承受着由基础传来的建筑物的全部荷载，对保证建筑物的坚固和耐久性具有非常重要的作用。

2. 地基在保持稳定的条件下，每平方米所能承受的最大垂直压力称为地基承载力。当建筑物传给基础底面的平均压力不超过地基承载力时，地基能够保证建筑物的稳定和安全。基础传给地基的荷载如果超过地基的承载能力，地基就会出现较大的沉降变形和失稳，甚至会出现土层的滑移，直接影响建筑物的安全和正常使用。在建筑设计中，当建筑物总荷载确定时，可通过增加基础底面积来减少单位面积上地基土所受到的压力，或通过地基处理来提高地基的承载力，或选择地基承载力较大的土层作持力层，以保证建筑物的稳定和安全。

3. 基础底面积 A 可通过式（2.1-1）来确定：

$$A \geqslant (F_k + G_k)/f_a \tag{2.1-1}$$

式中　F_k——相应于荷载效应标准组合时，作用于基础上的轴向力值；

　　　G_k——基础及其上方土的重量；

　　　f_a——修正后的地基承载力特征值。

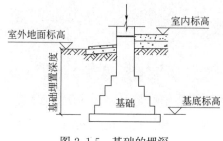

图 2.1-5　基础的埋深

2.1.4　基础的埋置深度

室外设计地面至基础底面的垂直距离称为基础的埋置深度，简称基础的埋深（图 2.1-5）。影响基础埋深的因素很多，主要有以下几点：

1. 建筑物的用途、有无地下室、设备基础和地下设施，基础的形式和构造

建筑物设置有地下室、设备基础或地下设施

时，对建筑物的基础埋深有较大影响。除岩石地基外，基础的埋深不宜小于 0.5m，在抗震设防区，天然地基上的箱形和筏形基础其埋置深度不宜小于建筑物高度的 1/15，桩箱或桩筏基础的埋置深度（不计桩长）不宜小于建筑物高度的 1/18。

2. 作用在地基上的荷载大小和性质

建筑基础的埋置深度应满足地基承载力、地基土变形和稳定性要求。位于岩石地基上的高层建筑，其基础埋深应满足抗滑稳定性要求。

3. 工程地质和水文地质条件

基础底所在的土层，即持力层应选在常年未经扰动而且坚实平坦的老土层或岩石层上，淤泥质土层、含有大量植物根茎类的耕土以及由建筑及生活垃圾等回填的回填土均不宜作持力层。基础宜埋置在地下常年水位以上，当必须埋在地下水位以下时，应采取措施以保证地基土在施工时不受扰动。

4. 相邻建筑物的基础埋深

当存在相邻建筑物时，新建建筑物的基础埋深不宜大于原有建筑的基础，当埋深大于原有建筑基础时，两基础间应保持一定净距，其数值应根据建筑荷载大小、基础形式和土质情况确定（图 2.1-6）。

5. 地基土冻胀和融陷的影响

季节性冻土地区基础埋置深度宜大于场地冻结深度。冻土地区地基土在冬季结冻，冻结土与非冻结土的分界线称为冰冻线，冰冻线在室外冻土的最深处，基础底必须埋在冰冻线以下至少 200mm，基础埋在冰冻线之下，可以避免在土冻融过程中因其体积膨胀再缩小对基础产生不良影响，进而了导致上部结构破坏（图 2.1-7）。

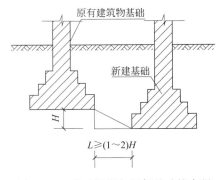

图 2.1-6　基础埋深与相邻基础的净距

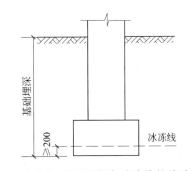

图 2.1-7　基础埋深与冰冻线的关系

2.2　基础的分类和构造

2.2.1　按所用材料分类

1. 砖基础

以砖为材料，砌筑形成的建筑物基础、是我国传统的砖木结构基础砌筑方法，现代常与混凝土结构配合修建住宅、校舍、办公等低层建筑。砖基础适用于土质好，地下水位低，五层以下的砖混结构建筑中。其特点是抗压性能好，其整体性、抗拉、抗弯、抗剪性能较差，施工操作简便，造价较低（图 2.2-1）。

基础的分类和构造

2. 毛石基础

毛石基础是用强度等级不低于 MU30 的毛石，不低于 M5 的水泥砂浆砌筑而形成。为保证砌筑质量，毛石基础每台阶高度和基础的宽度不宜小于 400mm。每阶两边各伸出宽度不宜大于 200mm。石块应错缝搭砌，缝内砂浆应饱满，且每步台阶不应少于两皮毛石，石块上下皮竖缝必须错开（不少于 10cm，角石不少于 15cm），做到丁顺交错排列。

毛石基础常用于地下水位较高，冻结深度较深的单层民用建筑（图 2.2-2）。

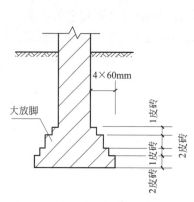

图 2.2-1 砖基础

图 2.2-2 毛石基础

3. 灰土基础

灰土基础是由石灰、土和水按比例配合，经分层夯实而成的基础。灰土基础强度在一

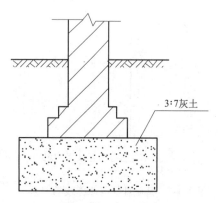

图 2.2-3 灰土基础

定范围内随含灰量的增加而增加，但超过限度后，消石灰在钙化过程中会析水，增加了消石灰的塑性，其强度反而会降低。

灰土基础的优点是能就地取材、施工简便，造价较低。缺点是它的抗冻、耐水性能差，在地下水位线以下或很潮湿的地基上不宜采用。可用于地下水位较低的北方四层以下民用建筑以及部分工业建筑（图 2.2-3）。

4. 混凝土基础

混凝土基础用于潮湿的地基或有水的基槽中。

混凝土是由胶凝（水泥）材料、水和粗、细骨料按适当比例配合、经过均匀搅拌，密实成型及养护硬化而成的人工石材。普通混凝土是由水泥、砂、石和水组成，另外还常加入适量的掺合料和外加剂。在混凝土中，砂、石起骨架作用，称为骨料，水泥与水形成水泥浆，水泥浆包裹在骨料表面并填充其空隙。在硬化前，水泥浆起润滑作用，赋予拌合物一定的和易性，便于施工。水泥浆硬化后，则将骨料胶结为一个坚实的整体。

混凝土基础具有较高的抗压强度及耐久性能，而且可以随着组成材料及配合比例的不同而得到不同的物理、力学性能，并且具有可塑性。主要缺点是抗拉强度很低，不能用于抗弯（图 2.2-4）。

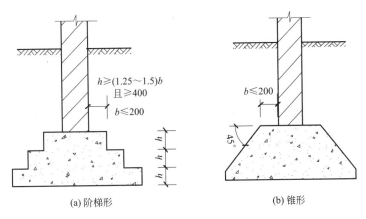

(a) 阶梯形　　　　　　　　　(b) 锥形

图 2.2-4　混凝土基础（尺寸：mm）

5. 钢筋混凝土基础

适用于上部荷载较大、地下水位较高的大、中型工业建筑和多层民用建筑。

钢筋混凝土基础是钢筋与混凝土一起浇筑而成的受力构件。由于钢筋与混凝土之间存在良好的粘结作用、钢筋和混凝土的温度线膨胀系数几乎相同，在温度变化时不致破坏钢筋混凝土结构的整体性、混凝土包裹钢筋使钢筋不会因大气的侵蚀而生锈变质。因此钢筋和混凝土能共同作用，提高构件的抗拉强度和耐久性（图 2.2-5）。

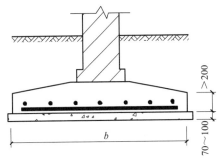

图 2.2-5　钢筋混凝土基础（尺寸：mm）

2.2.2　按构造形式分类

1. 独立基础

建筑物上部采用框架结构或单层排架结构承重时，基础常采用独立式基础，这类基础主要用于柱下，也称为柱下独立基础。独立基础按构造形式分三种：阶梯形基础、锥形基础、杯形基础（图 2.2-6）。

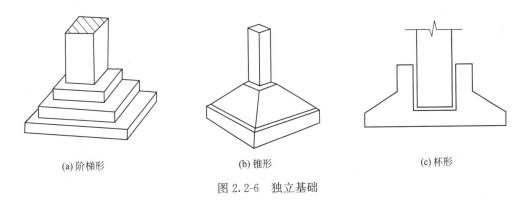

(a) 阶梯形　　　　　　　　(b) 锥形　　　　　　　　(c) 杯形

图 2.2-6　独立基础

2. 条形基础

条形基础是指基础长度远远大于宽度及高度的一种基础形式。当建筑物的上部结构采用墙体承重时，基础沿墙身布置，这种基础被称为墙下条形基础，简称条基。条形基础与独立基础相比，提高了建筑物的整体性，能在一定程度上减缓建筑物的不均匀沉降。当地基土分布不均匀时，也可布置柱下条形基础（图2.2-7）。

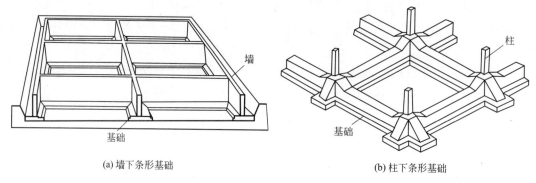

(a) 墙下条形基础　　　　　　　　　　　　　　(b) 柱下条形基础

图 2.2-7　条形基础

3. 筏形基础

筏形基础是指建筑物的基础由钢筋混凝土浇筑成整板，钢筋混凝土板直接作用于地基上。当上部结构荷载较大，地基承载力较小，地基土分布不均匀、建筑物对不均匀沉降较敏感、柱下条形基础或墙下条形基础的底面积占建筑物平面面积比例较大时，可采用筏形基础。筏形基础具有增加基础刚度、减少地基土压强，提高建筑整体性、调整地基不均匀沉降的性能，按结构布置形式可分为板式筏形基础和梁板式筏形基础两类（图2.2-8）。

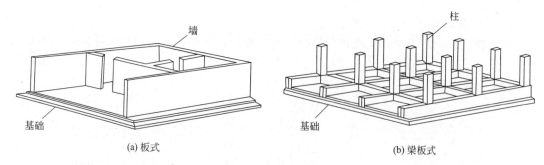

(a) 板式　　　　　　　　　　　　　　　　　　(b) 梁板式

图 2.2-8　筏形基础

4. 箱形基础

建筑物上部结构荷载大，对地基不均匀沉降要求严格的高层建筑以及软弱地基土上的多层建筑，为增加基础刚度，提高整体性，不致因地基的局部变形影响上部结构，常采用钢筋混凝土浇筑成刚度较大的箱形基础（图2.2-9）。

5. 桩基础

桩基础是由置入地基中的桩和连接于桩顶的承台共同组成的基础。

当上部荷载较大，地基的软弱土层厚度在5m以上，基础持力层不能在软弱土层内，或对软弱土层进行人工处理困难或不经济时，就可考虑以下部坚实土层或岩层作为持力层的深基础，最常采用的是桩基础（图2.2-10）。

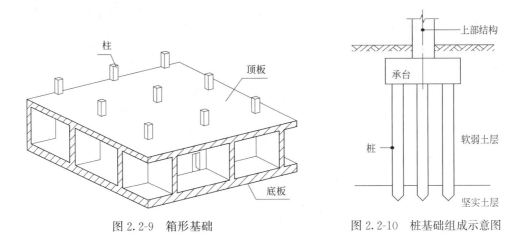

图2.2-9　箱形基础　　　　　　　　图2.2-10　桩基础组成示意图

桩基础类型很多，按受力方式的不同可分为端承桩、摩擦桩以及端承摩擦桩；按桩的施工方法的不同可分为打入桩、压入桩、振入桩以及灌注桩等；按所用材料的不同可分为钢筋混凝土桩和钢管桩（图2.2-11～图2.2-15）。

图2.2-11　桩身剖面示意图　　　　　图2.2-12　桩基础

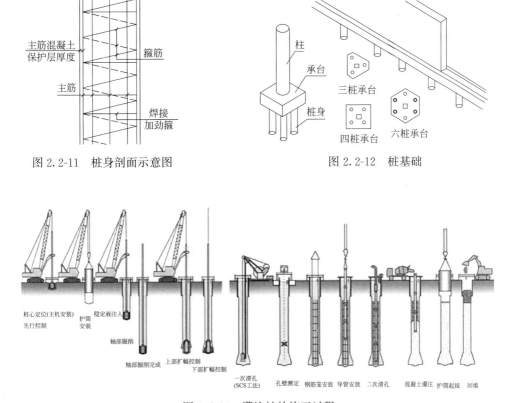

图2.2-13　灌注桩的施工过程

图 2.2-14 已浇筑混凝土的桩基础　　　图 2.2-15　承台、地梁的砖胎膜

2.2.3　按受力特点分

1. 刚性基础

刚性基础及
柔性基础

刚性基础是指由砖石、毛石、素混凝土、灰土等刚性材料制作的基础，刚性材料的特点是抗压强度大、抗拉抗剪强度小。

建筑上部的荷载传至基础的压力是沿着一定角度分布的，这个传力角度称为压力分布角，也称刚性角（图 2.2-16）。当基础底面宽度超过一定的控制范围，造成刚性角扩大，这时基础会因为受拉而遭到破坏，因此刚性基础的刚性角必须控制在材料的抗压强度范围内。砖、石砌体基础的刚性角应控制在 26°～33°；混凝土基础应控制在 45°以内（图 2.2-17）。

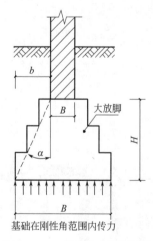
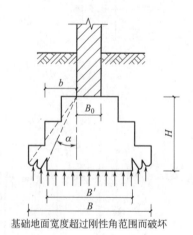

图 2.2-16　刚性基础的刚性角　　　图 2.2-17　基础宽度超出刚性角范围

2. 柔性基础

柔性基础是指钢筋混凝土基础。在混凝土基础的底部配以钢筋，利用钢筋来承受拉力，使基础底部能够承受较大弯矩，也称非刚性基础，或扩展基础。与刚性基础相比，基础宽度

的加大不受刚性角的限制，适用范围较广，尤其适用于有软弱土层的地基（图 2.2-18）。

在同样条件下，采用柔性基础与刚性基础比较，可节省大量的混凝土材料和土方开挖工作量。钢筋混凝土基础边沿最薄处不应小于 200mm，混凝土强度不低于 C20（图 2.2-19）。

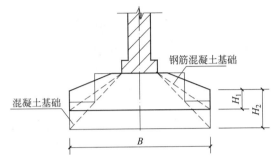

图 2.2-18 柔性基础与刚性基础的比较

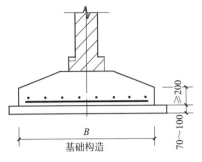

图 2.2-19 柔性基础（尺寸：mm）

2.2.4 常用基础的构造

1. 混凝土基础

混凝土基础多采用强度为 C20 混凝土浇筑而成，一般有锥形和阶梯形两种形式。混凝土基础底面应设置垫层，用以找平，采用 C10 或 C15 混凝土，厚度为 100mm，垫层通常超出基础边宽 100mm，基础的高度及宽度受刚性角的限制（图 2.2-20）。

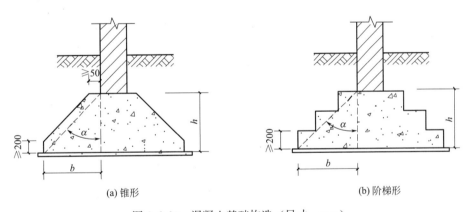

(a) 锥形　　　　　　　　　　　(b) 阶梯形

图 2.2-20 混凝土基础构造（尺寸：mm）

2. 钢筋混凝土基础

基础地板下均匀浇筑一层素混凝土作为垫层，目的是为了保证基础与地基之间有足够的距离，以免钢筋锈蚀。垫层一般采用 C15 的混凝土，厚度为 100mm，垫层每边比底板宽 100mm。钢筋混凝土基础厚度和配筋均由计算确定，受力钢筋直径不得小于 10mm，间距不宜大于 200mm，也不宜小于 100mm，混凝土的强度等级不宜低于 C20。

钢筋混凝土基础有锥形和阶梯形两种形式（图 2.2-21、图 2.2-22）。

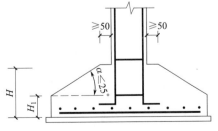

图 2.2-21 锥形基础的构造（尺寸：mm）

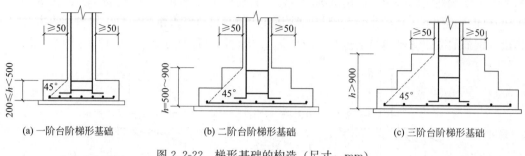

(a) 一阶台阶梯形基础　　　　(b) 二阶台阶梯形基础　　　　(c) 三阶台阶梯形基础

图 2.2-22　梯形基础的构造（尺寸：mm）

钢筋混凝土锥形基础边缘的厚度一般不小于 200mm，且两个方向的坡度不宜大于 1∶3。

钢筋混凝土阶梯形基础每阶高度一般为 300～500mm，当基础高度在 500～900mm 时采用两阶，超过 900mm 时采用三阶。

2.3　地下室

2.3.1　地下室组成

地下室是建筑物底层地面以下的空间，由底板、墙体、顶板、楼梯和门窗组成。

地下室按使用功能可分为普通地下室和人防地下室；按埋置深度可分为全地下室和半地下室（图 2.3-1）；按结构材料可分为砖混结构地下室和钢筋混凝土地下室等。

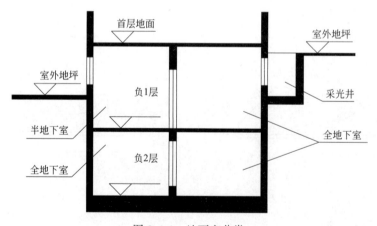

图 2.3-1　地下室分类

地下室底板与地基土直接接触，当底板处于最高地下水位之上时，可按一般地面工程做法，即垫层上现浇混凝土，再做面层。

墙体的主要作用是承受上部结构的垂直荷载，并承受侧面土、地下水和土壤冻胀产生的侧压力，必须具有足够的强度和防潮、防水的性能。通常采用砖墙、混凝土墙或钢筋混凝土墙。

顶板与楼板基本相同，常采用现浇或预制的钢筋混凝土板。

普通地下室的门窗通常与地上房间门窗相同。地下室外窗如在室外地坪以下时，应设置采光井，以利于室内采光、通风和室外行走安全。

2.3.2 地下室防潮、防水构造

地下室防潮、防水的常用材料为防水卷材、防水涂料或防水砂浆等。卷材防水根据施工方法不同又可以分为外包法和内包法。

1. 地下室的防潮做法

地下室墙体必须采用水泥砂浆砌筑，做到灰缝饱满，避免空隙；外墙用 1∶2 水泥砂浆抹 20mm 厚，刷冷底子油一道，热沥青两道；然后在墙体外侧回填弱透水性的土，并逐层夯打密实（图 2.3-2）。

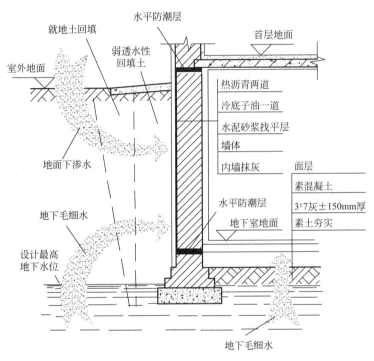

图 2.3-2　地下室防潮做法

地下室底板防潮可使用灰土或三合土垫层上浇筑 60～80mm 厚的密实混凝土，然后再做面层。

对外墙与地下室地面交接处，外墙与首层地面交接处，都应分别做好墙身水平防潮处理。

2. 地下室的防水做法

地下室防水执行《地下工程防水技术规范》GB 50108—2008 和地方的有关规程和规定。设防做法为卷材防水、结构自防水或卷材防水和结构自防水并用。设防一般为：侧墙，底板和室外部分的顶板，除结构采用 P8 级抗渗自防水混凝土外，再在底板下侧，侧墙和顶板外侧用 SBS 防水卷材做外防水。防水混凝土中须掺加一定比例的防水添加剂。

地下室施工缝采用中埋式止水带和止水钢板相结合的防水措施。地下室后浇带采用膨胀混凝土和止水钢板带相结合的防水措施。

（1）卷材防水（图 2.3-3）

（2）结构自防水（图 2.3-4～图 2.3-6）

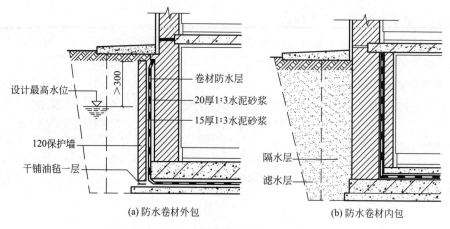

图 2.3-3 内包、外包防水做法（尺寸：mm）

(a) 防水卷材外包　　　(b) 防水卷材内包

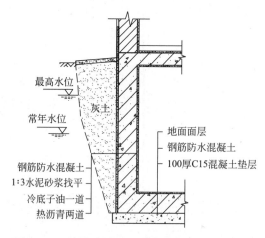

图 2.3-4 钢筋混凝土自防水做法（尺寸：mm）

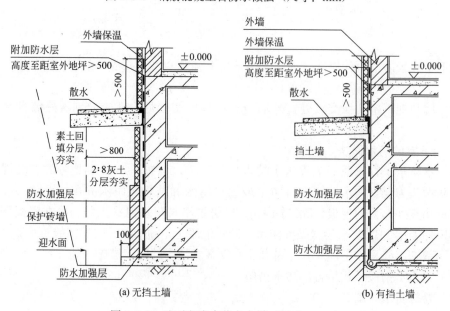

(a) 无挡土墙　　　(b) 有挡土墙

图 2.3-5 地下室防水节点大样（尺寸：mm）

图 2.3-6 地下室防水施工

思考题

1. 基础与地基的概念。
2. 简述地基的分类。
3. 简述地基与基础的关系。
4. 刚性基础与柔性基础的区别。
5. 基础有哪些类型?
6. 地下室的防潮做法有哪些?

第3章　墙体

学习要点

本章主要学习墙体的作用、设计要求等。了解墙体材料类型，理解墙体的作用与设计要求；重点掌握墙体的类型、墙面构造做法的类型及细部层次、墙脚的细部构造做法；了解隔墙构造等。

3.1　概述

墙体主要起承重、围护、分隔空间的作用，根据受力形式分为承重墙与非承重墙。在砖混结构等以墙体承重的结构体系中，建筑墙体承重与围护合一，在框架等骨架结构体系中，建筑墙体的作用是围护与分隔空间。墙体要有足够的强度和稳定性，具有保温、隔热、隔声、防火、防潮、防水、防射线等功能。

3.2　墙体作用与设计要求

3.2.1　墙体应具有足够的强度和稳定性

墙体的强度是指墙体承受荷载的能力，它与墙体采用的材料、材料的强度等级、墙体尺寸（墙体的截面积）、墙体的构造和施工方式有关。可以选用适当的墙体材料、加大墙体截面面积和在截面面积相同的情况下，提高构成墙体的砖、砂浆的强度等级等措施提高砌体强度。

墙体的稳定性与墙的长度、高度和厚度有关。即与建筑物的层高、开间或进深尺寸有关。一般通过合适的高厚比，加设壁柱、圈梁、构造柱以及加强墙与墙或墙与其他构件的连接等措施增加稳定性。

3.2.2　墙体应具有保温隔热性能

1. 墙体的保温

从节能角度考虑，特别是外围护结构的外墙，应该具有保温隔热的性能。传热阻与墙体厚度及墙体材料的热导率有关，墙体越厚，热阻越大，墙体材料的热导率越小。

提高墙体保温性能的途径有以下五个方面：

（1）增加墙体厚度：可提高热阻但不经济。

（2）选择导热系数小的材料：通过用导热系数小的保温材料如泡沫混凝土、加气混凝土、膨胀珍珠岩、膨胀蛭石、矿棉、木丝板、稻壳等来构成墙体，增加热阻。例如加气混凝土砌块墙、陶粒混凝土砌块墙等。

（3）做复合保温墙体：单纯的保温材料，一般强度较低，大多无法单独作为墙体使

用。利用不同性能的材料组合，构成既能承重又可保温的复合墙体（图 3.2-1）。在这种墙体中，轻质材料如泡沫塑料砖承担保温作用；强度高的材料如黏土砖等承担承重作用。

由于结构上的需要，外墙中常嵌有钢筋混凝土柱、梁、垫块、圈梁、过梁等构件，钢筋混凝土的传热系数大于砖的传热系数，热量很容易从这些部位传出去，因此它们的内表面温度比主体部分的温度低，这些保温性能低的部位通常称为冷桥（或热桥）（图 3.2-2）。

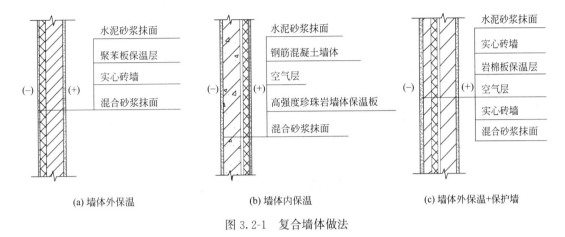

水泥砂浆抹面
聚苯板保温层
实心砖墙
混合砂浆抹面

(a) 墙体外保温

水泥砂浆抹面
钢筋混凝土墙体
空气层
高强度珍珠岩墙体保温板
混合砂浆抹面

(b) 墙体内保温

水泥砂浆抹面
实心砖墙
岩棉板保温层
空气层
实心砖墙
混合砂浆抹面

(c) 墙体外保温+保护墙

图 3.2-1　复合墙体做法

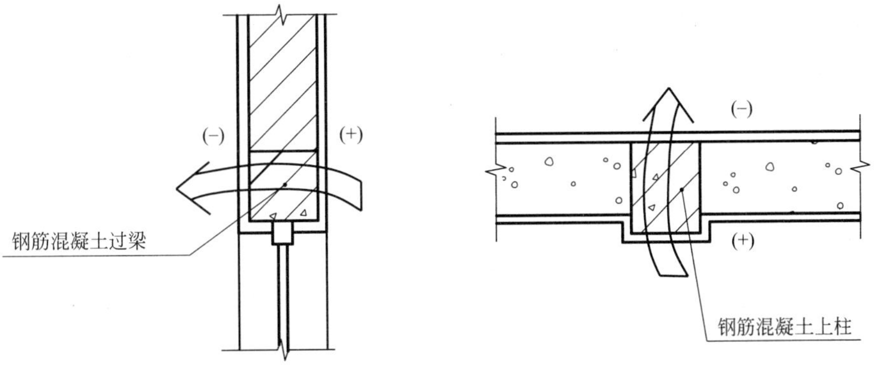

钢筋混凝土过梁

钢筋混凝土上柱

图 3.2-2　冷桥示意图

在严寒的冬季，室内外温差大，冷桥接触的室外温度低，室内温度高。室内热空气接触到冷桥部位，温度降低，容易结露。为防止冷桥部分内表面结露，应采取局部保温措施：在寒冷地区，外墙中的钢筋混凝土过梁可做成 L 形，并在外侧加保温材料；对于框架柱，当柱子位于外墙内侧时，可不必另做保温处理；当柱子外表面与外墙平齐或突出时，应做保温处理（图 3.2-3）。

（4）采取隔气措施

蒸气渗透：冬季室内空气的温度和绝对湿度都比室外高。因此，在围护结构两侧存在着水蒸气压力差，水蒸气分子由压力高的一侧向压力低的一侧扩散，这种现象叫蒸气渗透。

结露：在渗透过程中，水蒸气遇到露点温度时，蒸气含量达到饱和，并立即凝结成水，称为结露。

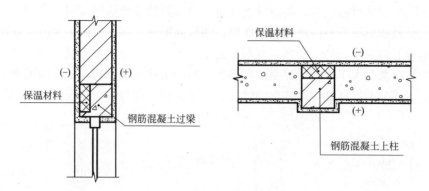

图 3.2-3　冷桥做局部保温处理

　　隔蒸气措施常在墙体保温层靠高温一侧，即蒸气渗入的一侧，设置隔气层，以防止水蒸气内部凝结。隔气层一般采用沥青、卷材、隔蒸气涂料以及铝箔等防潮、防水材料。

　　（5）防止外墙出现空气渗透：一般选择密实度高的墙体材料，墙体内外加抹灰层，加强构件间的密封等处理方法。

2. 墙体的隔热

提高墙体隔热性能有以下途径：

（1）外墙宜选用热阻大、重量大的材料；

（2）外墙表面应选用光滑、平整、浅色的材料；

（3）在外墙内部设置通风间层，利用空气的流动带走热量；

（4）在窗口外侧设置遮阳设施，以遮挡太阳光直射室内；

（5）在外墙外表面种植攀绿植物。

3.2.3　墙体隔声

声音的传递有空气传声和固体传声两种形式。

空气传声：声响发生后，通过空气、透过墙体再传递到人耳。

固体传声：直接撞击墙体或楼板，发出的声音再传递到人耳。

空气声在墙体中的传播途径：一是通过墙体的缝隙和微孔传播；二是在声波的作用下，墙体受到震动，声音通过墙体而传播。墙体隔声主要是隔绝空气传声。隔声板是一种常见的墙面隔声材料，隔声效果好，多用于住宅、宾馆、KTV 等的隔声（图 3.2-4）。

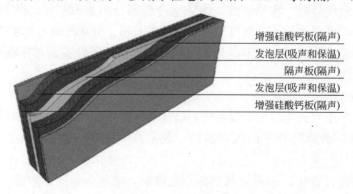

图 3.2-4　墙体隔声构造

3.2.4　其他要求

1. 防火要求

墙体材料及墙身厚度应符合防火规范中相应的燃烧性能和耐火极限的要求，必要时还应设置防火墙、防火门等。

2. 防水、防潮的要求

位于经常接触用水的卫生间、厨房等处墙体需要具有防潮、防水的能力。常采用的方法有浇筑刚性钢筋混凝土防水反坎和设置卷材、涂膜等柔性防水层。

3. 建筑工业化的要求

发展满足安全和抗震的新型工厂预制墙体，是建筑工业化的一项改革内容。可为工业化生产、施工机械化创造条件，还可以降低工人劳动强度、提高施工速度。

3.3　墙体分类

墙体分类

3.3.1　按照材料分类

墙体按材料分类为：夯土墙、石墙、砖墙、砌块墙、钢筋混凝土墙等。

夯土是一种古代常用的建筑材料，由红泥、粗砂、石灰三者以一定的比例组合而成，是一种可持续、质朴的建筑材料。夯土材料简单易得、因地制宜，可以良好适应当地的气候和环境，用料和配方可做调整，具有极强的适应性。夯土墙的隔热效果好，导热系数小，热惰性好，热稳定性好，蓄热能力强，具有吸热蓄热、放热保温功能（图 3.3-1）。

石墙根据部位不同常用材料有毛石、片石、条石、块石等，是一种古老的墙体形式（图 3.3-2）。砖墙常用材料为黏土砖、粉煤灰砖、蒸压灰砂砖等（图 3.3-3）。砌块墙常用材料为混凝土空心砌块、加气混凝土砌块等（图 3.3-4）。

钢筋混凝土墙（图 3.3-5）常用材料为钢筋、混凝土，随着科技的发展，目前还存在钢骨混凝土、型钢混凝土等墙体。

图 3.3-1　夯土墙

图 3.3-2　石墙

图 3.3-3　砖墙

图 3.3-4　砌块墙

图 3.3-5　钢筋混凝土墙

3.3.2　按照位置分类

按墙体在平面上所处位置不同可分为外墙和内墙。

按照墙体的方向分为纵墙和横墙。把位于外部的纵墙称为外纵墙，位于内部的纵墙称为内纵墙；位于建筑两端的横墙称为山墙；位于建筑内部的横墙称为内横墙。在一道墙中，按照墙体与窗洞位置不同分为窗间墙、窗下墙（图 3.3-6）。

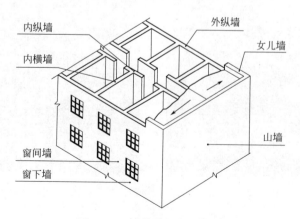

图 3.3-6　墙体按照方向分类

3.3.3　按照承重性分类

按照承重性分为承重墙和非承重墙，其中混合结构中，非承重墙分为自承重墙和隔墙；框架结构中，非承重墙分为填充墙和幕墙。凡作为分隔空间不承受外力的墙称为隔墙。悬挂于外部骨架的轻质外墙称为幕墙，包括金属幕墙、玻璃幕墙等（图 3.3-7～图 3.3-9）。

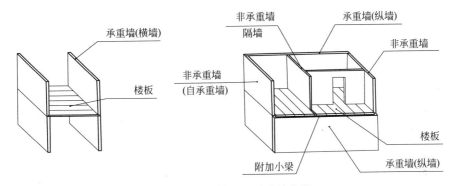

图 3.3-7　墙体按照承重性分类

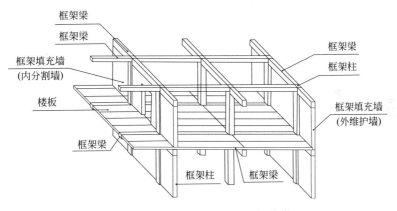

图 3.3-8　框架结构墙体承重性分类

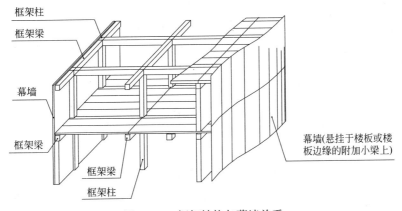

图 3.3-9　框架结构与幕墙关系

3.3.4 按照施工方法分类

按施工方法墙体分为叠砌墙、板筑墙、装配式板材墙。叠砌墙为砌块与粘结材料的堆砌叠加。板筑墙为先通过支护方法支设模板，采用钢筋混凝土等材料浇筑而成。装配式板材墙墙体在工厂中预制成型，然后运至现场拼装固定而成。

3.3.5 按照构造方式分类

按构造方式墙体分为实体墙、空体墙、复合墙（图 3.3-10）。实体墙是砌块或混凝土通过密实砌筑或浇筑而成，密实性好，承重能力强；空体墙是通过调整砌块砌筑或混凝土浇筑方式，在墙体中形成独立或联通的空腔，从而增强墙体的保温隔热性能，一般作为填充墙使用；复合墙是为了提高工作效率或热工性能，采用预制大板或保温板等板状材料与砌块（或混凝土）等组成的复合墙体。

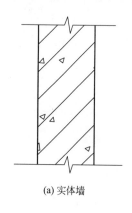 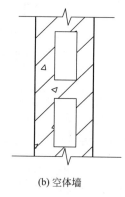 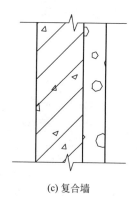

(a) 实体墙　　　　　　　(b) 空体墙　　　　　　　(c) 复合墙

图 3.3-10　墙体按照构造方式分类

3.4　墙体砌筑

3.4.1　砖墙

墙体的砌筑

砖墙是用砂浆将一块块砖按一定技术要求砌筑而成的砌体。

现在常用的砖有烧结多孔砖、空心砖、工业小砖、承重及非承重混凝土砌块。砂浆是砌块的胶结材料，常用的砂浆有水泥砂浆、混合砂浆、石灰砂浆。

砖墙的组砌是指砌块在砌体中的排列。根据砖的长方向与墙面的关系分为丁砖和顺砖（图 3.4-1 和图 3.4-2）。

丁砖：在砖墙组砌中，把砖的长方向垂直于墙面砌筑的砖叫丁砖。

顺砖：在砖墙组砌中，把砖的长方向平行于墙面砌筑的砖叫顺砖。

横缝：上下皮之间的水平灰缝称横缝。

竖缝：左右两块砖之间垂直缝称竖缝。

一顺一丁式：丁砖和顺砖隔层砌筑，这种砌筑方法整体性好，主要用于砌筑一砖以上的墙体。

每皮丁顺相间式：又称为"梅花丁""沙包丁"，在每皮之内，丁砖和顺砖相间砌筑而成，优点是墙面美观，常用于清水墙的砌筑。

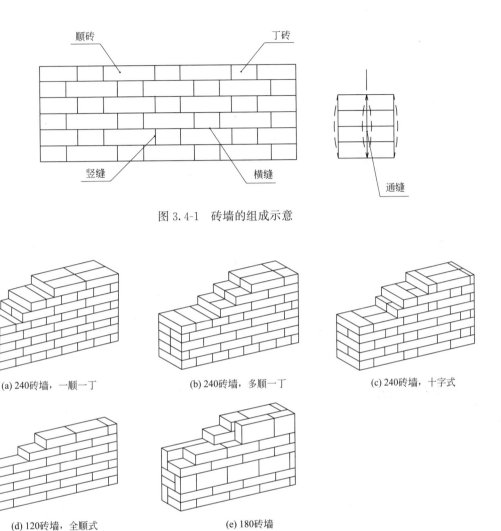

图 3.4-1　砖墙的组成示意

(a) 240砖墙，一顺一丁

(b) 240砖墙，多顺一丁

(c) 240砖墙，十字式

(d) 120砖墙，全顺式

(e) 180砖墙

图 3.4-2　砖墙的组砌方式

多顺一丁式：多层顺砖、一皮丁砖相间砌筑。

全顺式：每皮均为顺砖，上下皮错缝 120mm，适用于砌筑 120mm 厚砖墙。

两平一侧式：每层由两皮顺砖与一皮侧砖组合相间砌筑而成，主要用来砌筑 180mm 厚砖墙。

烧结多孔砖墙的组砌方式：P 型多孔砖宜采用一顺一丁或梅花丁式的砌筑形式，M 型多孔砖应采用全顺式的砌筑形式（图 3.4-3）。

3.4.2　砌块墙

砌块墙是采用预制块材（砌块）按一定技术要求砌筑而成的墙体。

混凝土小型空心砌块：由普通混凝土或轻骨料混凝土制成，主规格尺寸为 390mm×190mm×190mm，空心率在 25%～50% 的空心砌块，其强度等级为 MU20、MU15、MU10、MU7.5、MU5。砌筑砂浆宜选用专用小砌块砌筑砂浆，其强度等级为 Mb15、Mb10、Mb7.5、Mb5。

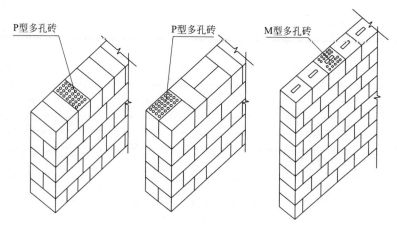

图 3.4-3　多孔砖墙组砌方式

3.4.3　砌体工程的一般规定

1. 砖砌体工程的一般规定

（1）砖砌体的灰缝应横平竖直，厚薄均匀。水平灰缝厚度和竖向灰缝宽度宜为 10mm，但不应小于 8mm，且不应大于 12mm。

（2）与构造柱相邻部位砌体应砌成马牙槎，马牙槎应先退后进，每个马牙槎沿高度方向的尺寸不宜超过 300mm，凹凸尺寸宜为 60mm。砌筑时，砌体与构造柱间应沿墙高每 500mm 设拉结钢筋，钢筋数量及伸入墙内长度应满足设计要求。

（3）夹心复合墙用的拉结件形式、材料和防腐应符合设计要求和相关技术标准规定。

2. 混凝土小型空心砌块砌体工程的一般规定

（1）底层室内地面以下或防潮层以下的砌体，应采用水泥砂浆砌筑，小砌块的孔洞应采用强度等级不低于 Cb20 或 C20 的混凝土灌实。Cb20 混凝土性能应符合现行行业标准《混凝土砌块（砖）砌体用灌孔混凝土》JC861—2008 的规定。

（2）防潮层以上的小砌块砌体，宜采用专用砂浆砌筑；当采用其他砌筑砂浆时，应采取改善砂浆和易性和粘结性的措施。

（3）小砌块砌筑时的含水率，对普通混凝土小砌块，宜为自然含水率，当天气干燥炎热时，可提前浇水湿润；对轻骨料混凝土小砌块，宜提前 1～2d 浇水湿润。不得雨期施工，小砌块表面有浮水时，不得使用。

3.5　墙体细部构造

3.5.1　墙脚构造

墙体细部构造

1. 散水

散水与明沟作用：防止室外地面水、墙面水及屋檐水对墙基的侵蚀。

散水：是在建筑物四周设坡度为 3%～5% 的护坡，将地表积水排离建筑物。

散水做法（图 3.5-1、图 3.5-2）：

（1）宽一般为 600～1000mm，当屋面排水方式为自由排水时，散水应比屋面檐口宽 200mm，且散水应加滴水砖带。

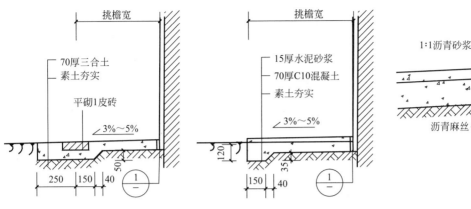

图 3.5-1 散水构造（尺寸：mm）

（2）散水一般是在素土夯实上铺三合土、灰土、混凝土等材料，也可用砖、石等材料铺砌而成。

（3）散水与外墙交接处应设分隔缝，散水整体面层纵向距离每隔 6～12m 做一道伸缩缝，分隔缝内应用有弹性的防水材料嵌缝。

2. 明沟

明沟是在建筑物四周设排水沟，将水有组织地导向集水井，然后流入排水系统。明沟一般用混凝土浇筑而成，或用砖砌、石砌。沟底应做纵坡，坡度不小于 1‰，坡向集水井（图 3.5-3）。外墙与明沟之间须做散水。

图 3.5-2 散水实图

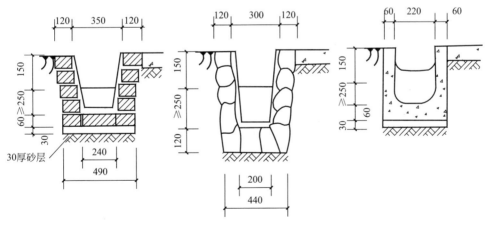

图 3.5-3 明沟构造（尺寸：mm）

3. 勒脚构造

勒脚是外墙的墙脚。

勒脚具有保护墙体防止各种机械性碰撞，防止地表水对墙脚的侵蚀及美观三个作用。勒脚的高度当仅考虑防水和机械碰撞时，应不低于 500mm，从美观的角度考虑，应结合立面处理确定。

勒脚装饰做法（图 3.5-4）：

（1）抹灰勒脚：在勒脚部位抹 20～30mm 厚 1：2.5 水泥砂浆或水刷石，为了保证抹灰层与砖墙粘结牢固，施工时应注意清扫墙面，浇水润湿，也可在墙面上留槽，使抹灰嵌入，称为咬口。

（2）贴面勒脚：可用天然石材或人工石材贴面，如花岗石、大理石、水磨石板等作为勒脚贴面。这种做法防撞性较好，耐久性强，装饰性好，主要用于高标准建筑。

（3）石砌勒脚：勒脚部位的墙体采用天然石材砌筑，如条石或混凝土。

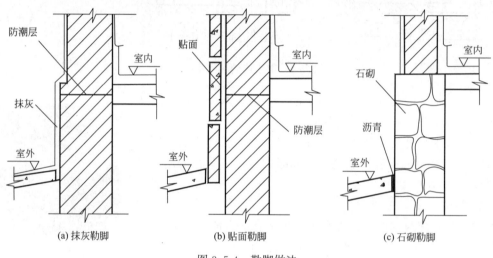

图 3.5-4　勒脚做法

3.5.2　过梁

过梁是用来支承门窗洞口上部砌体的重量以及楼板等传来荷载的承重构件，并把这些荷载传给两端的窗间墙。

过梁的形式很多，常采用的有砖过梁、钢筋砖过梁、钢筋混凝土过梁三种。砖砌平拱用竖砖向砌筑而成，它利用灰缝上大下小，使砖向两边倾斜，相互挤压形成拱的作用来承担荷载（图 3.5-5）。有平拱和弧拱两种。

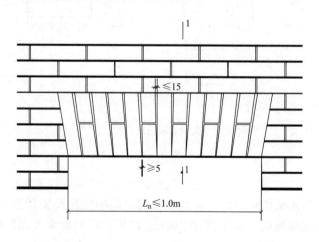

图 3.5-5　砖过梁构造

平拱砖过梁的优点是钢筋、水泥用量少，缺点是施工速度慢。

钢筋砖过梁是在砖缝中配置钢筋，形成能承受弯矩的加筋砖砌体（图 3.5-6）。由于钢筋砖过梁的跨度可达 2m 左右，而且施工比较简单，因此目前应用比较广泛。有抗震设防要求的，或可能产生不均匀沉降或存在较大振动荷载、集中荷载的建筑门窗部位不宜设置砖过梁和钢筋砖过梁。

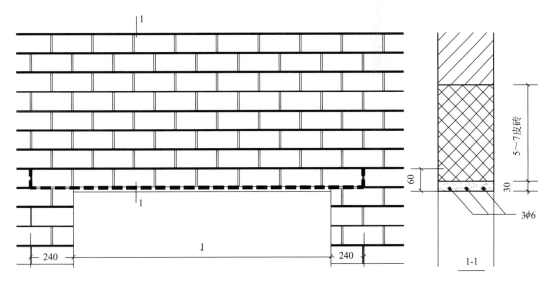

图 3.5-6　钢筋砖过梁构造（尺寸：mm）

钢筋混凝土过梁的断面形式：有矩形和 L 形。矩形多用于内墙和混水墙，L 形多用于外墙和清水墙。为简化构造，节约材料，将过梁与圈梁、悬挑雨篷、窗楣板或遮阳板等结合起来设计（图 3.5-7～图 3.5-10）。如在南方炎热多雨地区，常从过梁上挑出 300～500mm 宽的窗楣板，既保护窗户不淋雨，又可遮挡部分直射太阳光。

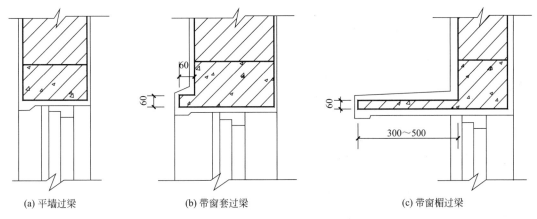

(a) 平墙过梁　　　　　　　(b) 带窗套过梁　　　　　　　(c) 带窗楣过梁

图 3.5-7　钢筋混凝土过梁构造（尺寸：mm）

砖砌过梁的跨度，不应超过下列规定：

钢筋砖过梁为 1.5m；砖砌平拱为 1.2m，对有较大振动荷载或可能产生不均匀沉降的房屋，应采用钢筋混凝土过梁。

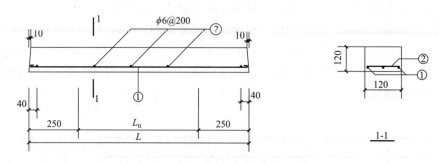

图 3.5-8　120 墙矩形截面过梁详图（尺寸：mm）

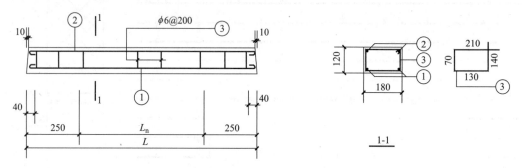

图 3.5-9　180 墙矩形截面过梁详图（尺寸：mm）

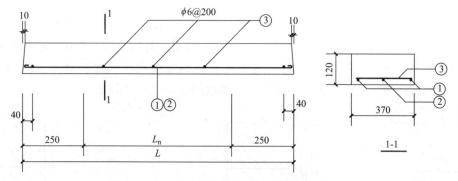

图 3.5-10　370 墙矩形截面过梁详图（尺寸：mm）

砖砌过梁的构造要求应符合下列规定：

1）砖砌过梁截面计算高度内的砂浆不宜低于 M5；

2）砖砌平拱用竖砖砌筑部分的高度不应小于 240mm；

3）钢筋砖过梁底面砂浆层处的钢筋，其直径不应小于 5mm，间距不宜大于 120mm，钢筋伸入支座砌体内的长度不宜小于 240mm，砂浆层的厚度不宜小于 30mm。

3.5.3　窗台

窗台是窗洞下部的构造，用来排除窗外侧流下的雨水和内侧的冷凝水且具有装饰作用。按其构造做法分为外窗台和内窗台。外窗台设于室外，内窗台设于室内。

位于窗外的窗台叫外窗台。防止雨水积聚在窗下侵入墙身和向室内渗透。外窗台分悬挑窗台和不悬挑窗台（图 3.5-12、图 3.5-13）。

1. 外窗台构造要点（图 3.5-11）

（1）窗台表面应做不透水面层，如抹灰或贴面处理；

（2）窗台表面应做一定的排水坡度，并应注意抹灰与窗下槛交接处的处理，防止雨水向室内渗入；

（3）悬挑窗台下做滴水或斜抹水泥砂浆，引导雨水垂直下落，不致影响窗下墙面。

2. 内窗台

位于室内的窗台叫内窗台。内窗台一般水平放置，通常结合室内装修做成水泥砂浆抹面、贴面砖、木窗台板、预制水磨石窗台板等形式。

在我国严寒地区和寒冷地区，室内为暖气采暖时，为便于安装暖气片，窗台下留凹龛，称为暖气槽（图 3.5-14）。暖气槽进墙一般 120mm，此时应采用预制水磨石窗台板或木窗台板，形成内窗台。预制窗台板支撑在窗两边的墙上，每端伸入墙内不小于 60mm。

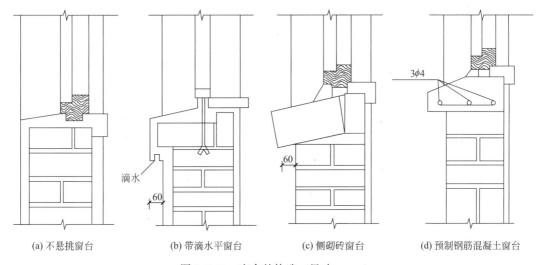

(a) 不悬挑窗台　　(b) 带滴水平窗台　　(c) 侧砌砖窗台　　(d) 预制钢筋混凝土窗台

图 3.5-11　窗台的构造（尺寸：mm）

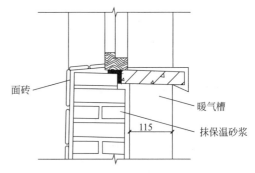

图 3.5-12　不悬挑窗台　　　图 3.5-13　悬挑窗台　　　　图 3.5-14　暖气槽构造

3. 窗套与腰线

窗套是由带挑檐的过梁、窗台、窗边挑出立砖构成。

腰线是指将带挑檐的过梁或窗台连接起来形成的水平线条。

3.5.4 墙体加固构造

墙身通过增加壁柱和门垛、设置圈梁和构造柱等措施加固。

墙体加固构造

1. 壁柱与门垛

（1）壁柱

当墙体的高度或长度超过一定限值，如 240mm 厚砖墙长度超过 6m，影响到墙体的稳定性；或墙体受到集中荷载的作用，而墙体较薄不足以承担其荷载时，应增设凸出墙面的壁柱（又称扶壁柱），提高墙体的刚度和稳定性，并与墙体共同承担荷载。壁柱突出墙面的尺寸：一般为 120mm×370mm、240mm×370mm、240mm×490mm。

（2）门垛

当墙上开设的门窗洞口处于两墙转角处或丁字墙交接处时，为保证墙体的承载能力及稳定性和便于门框的安装，应设门垛，门垛的尺寸不应小于 120mm。

（3）圈梁

圈梁是在屋盖及楼盖处，沿着全部外墙和部分内墙设置的连续、封闭的梁。圈梁作用为提高建筑物的整体刚度及墙体的稳定性，减少由于地基不均匀沉降而引起的墙体开裂，提高建筑物的抗震能力。

圈梁构造要求是：钢筋混凝土圈梁的高度不小于 120mm；宽度与墙厚相同，当墙厚为 240mm 以上时，其宽度为 2/3 墙厚；圈梁只需配置构造筋。

当圈梁被门窗洞口（如楼梯间窗洞口）截断时，应在洞口上部设置附加圈梁，进行搭接补强。附加圈梁与圈梁的搭接长度不应小于两梁高差的两倍，亦不小于 1000mm。

圈梁应符合下列构造要求：

1）圈梁宜连续地设在同一水平面上，并形成封闭状；当圈梁被门窗洞口截断时，应在洞口上部增设相同截面的附加圈梁。附加圈梁与圈梁的搭接长度不应小于其中到中垂直间距的二倍，且不得小于 1m；

2）纵横墙交接处的圈梁应有可靠的连接。刚弹性和弹性方案房屋，圈梁应与屋架、大梁等构件可靠连接；

3）钢筋混凝土圈梁的宽度宜与墙厚相同，当墙厚 $h \geqslant 240mm$ 时，其宽度不宜小于 $2h/3$。圈梁高度不应小于 120mm。纵向钢筋不应少于 $4\phi10$，绑扎接头的搭接长度按受拉钢筋考虑，箍筋间距不应大于 300mm；

4）圈梁兼作过梁时，过梁部分的钢筋应按计算用量另行增配。

增设的圈梁应在楼、屋盖标高的同一平面内闭合；变形缝两侧的圈梁也应该分别闭合；增设的圈梁应该与墙体可靠连接，型钢圈梁应采用螺栓连接；在楼梯间、阳台等圈梁标高变换的地方，应该设有局部加强措施。

圈梁与墙体可采用销键、锚筋、螺栓、胀管螺栓等方式进行连接。钢筋混凝土圈梁与墙体的连接可选用现浇钢筋混凝土销键，销键锚入墙内的深度和宽度均不应小于 180mm，高度应与圈梁相同，销键应设在窗口两侧，水平间距应在 1~2m；锚筋、螺栓连接适用于 M2.5 及 M2.5 以上砂浆砌筑的实心墙体和现浇圈梁的拉结，可采用 U 形锚筋，锚入墙内的深度应在 150~200mm，螺栓的直径不小于 12mm，长度应穿透全部墙体；胀管螺栓适用于对砂浆强度等级不低于 M2.5 的墙体，此时可采用 M10~M16 的胀管螺栓，胀管螺栓和圈梁之间应该设有连接件，将其固定后方可浇灌圈梁混凝土。

（4）构造柱

构造柱能够提高砖混结构的整体刚度和稳定性，进而提高抗震能力；一般在建筑物的四周，内外墙的交接处，以及楼梯间、电梯间的四个角以及某些较长的墙体中部等这些位置（图 3.5-15）。

构造柱最小截面为 180mm×240mm，纵向钢筋宜用 4ϕ12，箍筋间距不大于 250mm，且在柱上下端宜适当加密；构造柱与墙连接处宜砌成马牙槎，并应沿墙高每 500mm 设 2ϕ6 拉结筋，每边伸入墙内不少于 1m；构造柱可不单独设基础，但应伸入室外地坪下 500mm，或锚入不浅于 500mm 的基础梁内（图 3.5-16）；施工时应先放置构造柱钢筋骨架，后砌墙，随着墙体的升高而逐段现浇混凝土构造柱身。

图 3.5-15　砌体构造柱

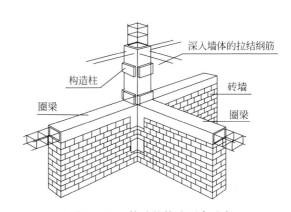

图 3.5-16　构造柱构造要求示意

小砌块房屋的构造柱，应符合下列要求：

1）构造柱最小截面可采用 190mm×190mm，纵向钢筋不宜少于 4ϕ12，箍筋间距不宜大于 200mm，且在柱上下端宜适当加密；7 度时六层及以上、8 度时五层及以上，构造柱纵向钢筋宜采用 4ϕ14，房屋四角的构造柱可适当加大截面及配筋；

2）构造柱与砌块墙连接处应砌成马牙槎，其相邻的孔洞，6 度时宜填实或采用加强拉结筋构造（沿高度每隔 200mm 设置 2ϕ4 焊接钢筋网片）代替马牙槎；7 度时应填实，8 度时应填实并插筋 1ϕ12，沿墙高每隔 600mm 应设置 2ϕ4 焊接钢筋网片，每边伸入墙内不宜小于 1m；

3）与圈梁连接处的构造柱的纵筋应穿过圈梁，保证构造柱纵筋上下贯通；

4）构造柱可不单独设置基础，但应伸入室外地面下 500mm，或与埋深小于 500mm 的基础圈梁相连；

5）必须先砌筑砌块墙体，再浇筑构造柱混凝土。

多孔砖砌体构造柱应符合下列规定：

1）构造柱最小截面，对于 240mm 厚砖墙应为 240mm×180mm，对于 190mm 厚砖墙应为 190mm×250mm，纵向钢筋不小于 4 根 ϕ12，箍筋直径不应小于 6mm，间距不宜大于 200mm，且在圈梁相交的节点处应适当加密，加密范围在圈梁上下均不应小于 1/6

层高及 450mm 中之较大者，箍筋间距不宜大于 100mm。房屋四大角的构造柱可适当加大截面及配筋；

2）7 度区超过 6 层、8 度区超过 5 层和 9 度区建筑的构造柱，纵向钢筋宜采用 4 根 $\phi14$，箍筋间距不宜大于 200mm；

3）构造柱与墙体的连接处宜砌成马牙槎，并沿墙高每 500mm 设 2 根 $\phi6$ 的拉结钢筋，每边伸入墙内不宜小于 1m；

4）构造柱可不单独设置基础，但应伸入室外地面下 500mm，或锚入距室外地面小于 500mm 的基础圈梁内。当遇有管沟时，应伸到管沟下。

3.6 隔墙

隔墙是分隔建筑物内部空间的墙。隔墙不承重，一般要求轻、薄，有良好的隔声性能。对于不同功能房间的隔墙有不同的要求，具体如下：

1）重量轻，有利于减轻楼板的荷载；

2）厚度薄，增加建筑的有效空间；

3）有一定的隔声能力，避免各房间干扰；

4）便于拆装，能随着使用要求的改变而变化；

5）按使用部位不同，有不同的要求，如防潮、防水、防火等。

常用隔墙有块材隔墙、轻骨架隔墙和板材隔墙三大类。本节主要介绍普通砖隔墙、加气混凝土砌块隔墙、轻骨架隔墙。

3.6.1 普通砖隔墙

砖隔墙是用普通砖顺砌而成的，在构造上应保证其稳定性（图 3.6-1）。

隔墙与承重墙用不少于 $2\phi6$ 的钢筋拉结，钢筋伸入隔墙长度为 1m；当墙高大于 3m，长度大于 5.1m 时，应每隔 8～10 皮砖砌入一根 $\phi6$ 的钢筋；隔墙上部与楼板相接处，用立砖斜砌，使墙和楼板挤紧。

隔墙上有门时，要用预埋铁件或用带有木楔的混凝土预制块将砖墙与门框拉接牢固。

3.6.2 加气混凝土砌块隔墙

加气混凝土砌块是一种轻质多孔、保温隔热、防火性能良好、可钉、可锯、可刨和具有一定抗震能力的新型建筑材料。早在 20 世纪 30 年代初期，中国就开始生产这种产品，并广泛使用。其是一种优良的新型建筑材料，并且具有环保等优点。加气混凝土砌块墙的上下皮砌块的竖向灰缝应相互错开，相互错开长度宜为 300mm，并不小于 150mm。如不能满足时，应在水平灰缝设置 $2\phi6$ 的拉结筋或 $\phi4$ 钢筋网片，拉结钢筋或钢筋网片的长度不应小于 700mm（图 3.6-2）。

加气混凝土砌块墙的灰缝应横平竖直，砂浆饱满，水平灰缝砂浆饱满度不应小于 90%；竖向灰缝砂浆饱满度不应小于 80%。水平灰缝厚度和竖向灰缝宽度不应超过 15mm。

加气混凝土砌块墙的转角处，应使纵横墙的砌块相互搭砌，隔皮砌块露端面。加气混凝土砌块墙的 T 形交接处，应使横墙砌块隔皮露端面，并坐中于纵墙砌块。

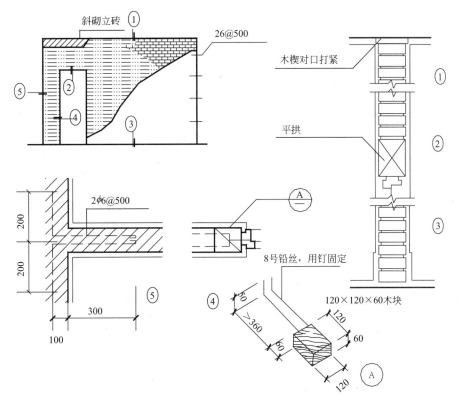

图 3.6-1 半砖隔墙（尺寸：mm）

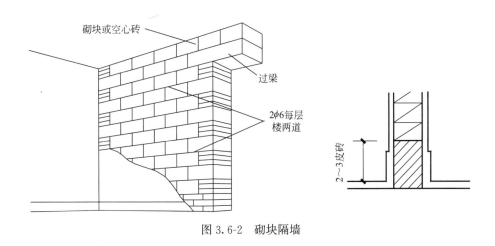

图 3.6-2 砌块隔墙

3.6.3 轻骨架隔墙

（1）骨架

最常用的骨架为轻钢骨架。用于内隔墙面的支撑（俗称轻钢龙骨）。轻钢龙骨以镀锌钢板为原料、采用冷弯工艺生产的薄壁型钢。型钢的厚度为 0.5～1.5mm。轻钢骨架是由上槛、下槛、墙筋、横撑或斜撑组成（图 3.6-3）。

骨架的安装过程是先用射钉或螺栓将上、下槛固定在楼板上，然后安装轻钢龙骨。

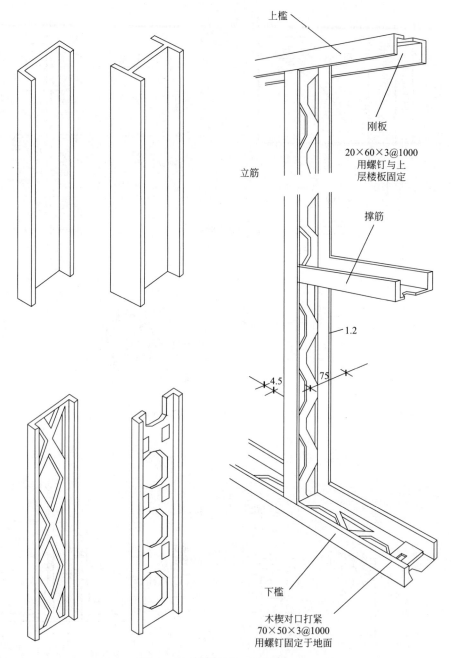

上槛

刚板
20×60×3@1000
用螺钉与上
层楼板固定

立筋

撑筋

1.2

4.5   75

下槛
木楔对口打紧
70×50×3@1000
用螺钉固定于地面

图 3.6-3 轻钢骨架（尺寸：mm）

（2）板材

轻钢龙骨面板有纸面石膏板、纤维水泥加压板、加压低缩性硅酸钙板、纤维石膏板、粉石英硅酸钙板等。其中常用的为纸面石膏板，纸面石膏板是以建筑石膏为主要原料，掺入纤维和外加剂构成芯材，并与护面牢固结合在一起的建筑板材（图 3.6-4～图 3.6-7）。

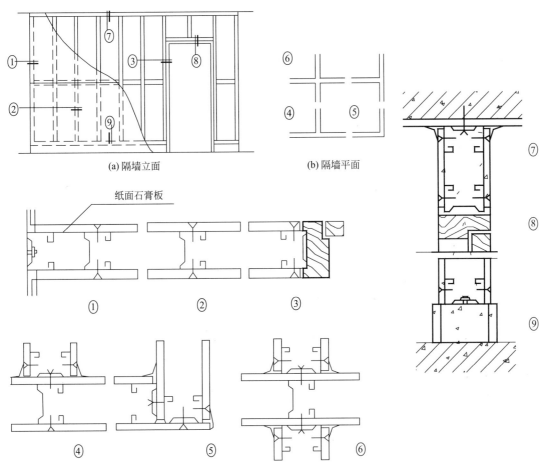

图 3.6-4 轻钢龙骨纸面石膏板隔墙构造示意

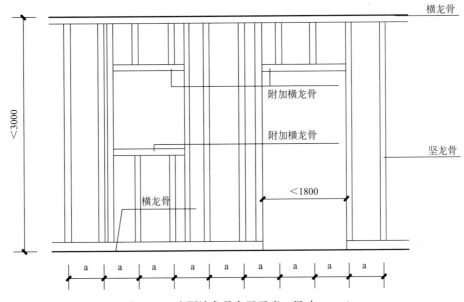

图 3.6-5 内隔墙龙骨布置示意（尺寸：mm）

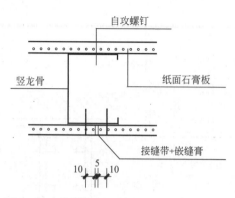

图 3.6-6 单层石膏板水平接缝（尺寸：mm）

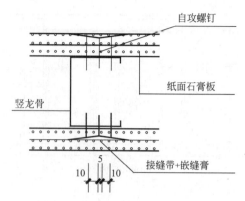

图 3.6-7 双层石膏板水平接缝（尺寸：mm）

3.7 墙面构造做法

墙体的装饰装修

3.7.1 抹灰类

1. 纸筋（麻刀）灰

"纸筋灰"是一种用草或者是纤维物质加工成浆状，按比例均匀的拌入抹灰砂浆内，防止墙体抹灰层裂缝，增加灰浆连接强度和稠度。纸筋（麻刀）灰适用于普通内墙抹灰（图 3.7-1）。

2. 混合砂浆

混合砂浆一般由水泥、石灰膏、砂子拌和而成，一般用于地面以上的砌体。混合砂浆由于加入了石灰膏，改善了砂浆的和易性，操作起来比较方便，有利于砌体密实度和工效的提高。混合砂浆外墙、内墙均可使用。

3. 水泥砂浆

水泥砂浆是由水泥、细骨料和水，即水泥＋砂＋水，根据需要配成的砂浆。结构施工中

图 3.7-1 纸筋麻刀灰饰面

使用的砂浆多用预拌砂浆。水泥砂浆多用于外墙或内墙受潮侵蚀部分。

4. 水刷石

水刷石是一项传统的施工工艺，它能使墙面具有天然质感，而且色泽庄重美观，饰面坚固耐久，不褪色，也比较耐污染。制作过程是用水泥、石屑、小石子或颜料等加水拌和，抹在建筑物的表面，半凝固后，用硬毛刷蘸水刷去表面的水泥浆而使石屑或小石子半露。水刷石适用于外墙装饰（图 3.7-2）。

5. 干粘石

由水泥、砂、石渣、石灰膏、磨细生石灰粉、粉煤灰等混制而成，在墙面刮糙的基层上抹上纯水泥浆，撒小石子并用工具将石子压入水泥浆里。干粘石适用于外墙装饰（图 3.7-3）。

图 3.7-2 水刷石饰面　　　　图 3.7-3 干粘石饰面图

6. 斩假石

斩假石又称剁斧石。一种人造石料。将掺入石屑及石粉的水泥砂浆涂抹在建筑物表面，在硬化后用斩凿方法使其成为有纹路的石面样式。斩假石适用于外墙或局部内墙装饰（3.7-4）。

7. 膨胀珍珠岩

膨胀珍珠岩是珍珠岩矿砂经预热，瞬时高温焙烧膨胀后制成的一种内部为蜂窝状结构的白色颗粒状的材料。膨胀珍珠岩适用于室内有保温或吸声要求的房间。优点：良好的保温效能，超强的稳定性、耐火性好，节能性好（图 3.7-5）。

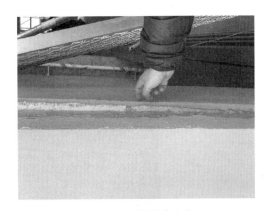

图 3.7-4 斩假石饰面　　　　图 3.7-5 膨胀珍珠岩

3.7.2 铺贴类墙面装修

1. 面砖饰面（图 3.7-6）

面砖饰面是指用石材或砖类做饰面。如大理石、抛光砖、仿古砖、花岗岩、砂岩、斩假石等。从结构来说，一般用水泥砂浆粘合。

2. 玻璃马赛克饰面（图 3.7-7）

用水泥等胶结剂将上釉陶瓷彩色玻璃等马赛克（也称锦砖、嵌镶砖）小块片材粘贴在基层上的饰面层。适用于房屋内部装饰，如墙面、地面、顶棚；外部装饰，如外墙面、柱、园林构筑物等。马赛克饰面有两种施工方法：一种是在找平层上直接用胶结剂镶嵌马赛克片材；另一种是将马赛克片材反贴在纸张或织物上，一张一组进行镶嵌，然后洗去纸或织物。

图 3.7-6 面砖饰面

图 3.7-7 玻璃马赛克饰面

3. 石材饰面（图 3.7-8）

装饰石材中最主要的三种类型：大理石，花岗石，板石，它们囊括了天然装饰石材 99％以上的品种。装饰石材必须符合 3 条基本条件：

（1）有外在美学装饰性。这是从视觉和人的欣赏，历史文化角度认识的，各个民族，地域，习惯，喜好不同，使用的装饰石材色彩种类不同，但不管怎样只要作为装饰装修使用就必须要考虑石材的外在美观。美观是设计，选择装饰石材的首选因素。

（2）有规模储量，可工业化开采。装饰石材的规模储量是该品种能否适合工业化开采的前提条件，没有规模储量无法进行工业化开采，市场的持久性就差，经济成本就高，形不成品牌。

（3）理化性能符合建筑与装修装饰的要求，即一般的技术参数、放射性指标应控制在规定标准之内。

图 3.7-8 石材饰面

3.7.3 涂料类

1. 刷浆

刷浆是建筑内墙、顶棚或外墙的表面经刮腻子等基层处理后，刷、喷浆料。其目的是保护墙体，美化建筑，满足使用要求（图 3.7-9）。按其所用材料、施工方法及装饰效果，刷浆包括一般刷浆、彩色刷浆和美术刷浆工程的施工。

2. 涂料

涂料是涂覆在被保护或被装饰的物体表面，并能与被涂物形成牢固附着的连续薄膜，通常是以树脂或油或乳液为主，添加或不添加颜料、填料，添加相应助剂，用有机溶剂或水配制而成的黏稠液体（图 3.7-10）。

图 3.7-9　刷浆饰面　　　　　　　图 3.7-10　涂料饰面

3.7.4　裱糊类

1. 墙纸

墙纸也称为壁纸，是一种用于裱糊墙面的室内装修材料，广泛用于住宅、办公室、宾馆、酒店的室内装修。材质不局限于纸，也包含其他材料。

壁纸分为很多类，如覆膜壁纸、涂布壁纸、压花壁纸等。通常用漂白化学木浆生产原纸，再经不同工序的加工处理，如涂布、印刷、压纹或表面覆塑，最后经裁切、包装后出厂。具有一定的强度、韧度、美观的外表和良好的抗水性能。

（1）云母片壁纸

云母是一种矽酸盐结晶，因此这类产品高雅有光泽感。具有很好的电绝缘性，安全系数高，既美观又实用，有小孩的家庭非常喜爱。适合用于公众场所、沙发背景、客厅电视背景等处。

（2）木纤维壁纸（图 3.7-11）

木纤维壁纸的环保性、透气性都是最好的，使用寿命也最长。表面富有弹性，且隔音、隔热、保温，手感柔软舒适。无毒、无害、无异味，透气性好，而且纸型稳定，随时可以擦洗。适用于住宅的主卧等处。

（3）纯纸壁纸（图 3.7-12）

以纸为基材，经印花后压花而成，自然、舒适、无异味、环保性好，透气性能强。因为是纸质，所以有非常好的上色效果，适合染各种鲜艳颜色甚至工笔画。适用于住宅的卧室、幼儿园等儿童使用的房间。

2. 墙布

墙布是一种室内墙面装饰材料，是通过运用材料、设备与工艺手法，以色彩与图纹设计组合为特征，表现力无限丰富、可便捷满足多样性个性审美要求与时尚需求，因此也被称为墙上的时装，具有艺术与工艺附加值。

图 3.7-11　木纤维壁纸饰面

图 3.7-12　纯纸壁纸

（1）单层壁布（图 3.7-13）

即由一层材料编织而成，或丝绸，或化纤，或纯棉，或布革，其中一种锦缎壁布最为绚丽多彩，由于其缎面上的花纹是在三种以上颜色的缎纹底上编织而成，因而更显古典雅致。

（2）复合型壁布（图 3.7-14）

由两层以上的材料复合编织而成，分为表面材料和背衬材料，背衬材料又主要有发泡和低发泡两种。除此之外，还有防潮性能良好、花样繁多的玻璃纤维壁布，其中一种浮雕壁布因其特殊的结构，具有良好的透气性而不易滋生霉菌，能够适当地调节室内的微气候，在使用时，如果不喜欢原有的色泽，还可以涂上自己喜爱的有色乳胶漆来更换房间的铺装效果。

图 3.7-13　单层壁布

图 3.7-14　复合型壁布饰面

3.7.5　铺钉类

指利用天然板条或各种人造薄板借助于钉、胶粘等固定方式进行饰面的做法。由骨架和面板两部分组成，选用不同材质的面板和恰当的构造方式，可以使这类装饰具有质感，美观大方，同时还可以改变室内声学等环境效果，满足不同的功能要求。常用的有木板、铝塑板、不锈钢板、装饰板饰面等（图 3.7-15、图 3.7-16）。

3.7.6　清水砖墙装饰

清水墙是砖墙外墙面砌成后，只需要勾缝，即成为成品，不需要外墙面装饰，砌砖质量要求高，灰浆饱满，砖缝规范美观（图 3.7-17）。相对于混水墙而言，其外观质量要高很多，而强度要求则是一样的。

图 3.7-15　木板饰面

图 3.7-16　装饰板饰面

图 3.7-17　清水砖墙面

（1）颜色

目前清水砖墙材料多为红色，颜色单一，改进方法一可以用红黄两种颜料（如：氧化铁红，氧化铁黄）＋颜料重量为 5％的聚醋酸乙烯乳液，用水调和刷在墙面上。方法二是（清水砖墙砖缝多，大概占墙面的 1/6）改变砖缝颜色能有效地影响整个墙面色调的明暗度。可用白水泥勾缝或水泥掺颜料勾成深色或其他颜色的缝。

（2）砖墙组砌

现状是许多墙采用顺-丁砌法，强调线条，改进方法一可以将平砌改为斗砌，立砌以改变砖的尺度感。方法二是将个别砖成点成条突出墙几厘米的拨砌方式，形成不同质感和线条。

3.7.7　特殊部位的墙面装饰

对易受到碰撞，如门厅、走道的墙面和有防潮、防水要求如厨房、浴厕的墙面，为保护墙身，做成护墙墙裙，对内墙阳角，门洞转角等处则做成护角（图 3.7-18）。护角材料多为木质，近些年随着高分子材料的发展，高分子材料护角越来越多地用于建筑之中。

在内墙面和楼地面交接处，为了遮盖地面与墙面的接缝，保护墙身以及防止擦洗地面时弄脏墙面需要做踢脚线。踢脚线材质可以选择瓷砖、木条、石材等（图 3.7-19）。

图 3.7-18　墙面护角

图 3.7-19　墙面设踢脚线

思考题

1. 常用的墙面做法分为哪几类？
2. 墙面构造中特殊部位有哪些？
3. 铺贴类墙面的类型及构造？
4. 墙体设计时应考虑哪些因素？
5. 墙体的加固措施有哪些？
6. 过梁有哪几种做法？
7. 隔墙与承重墙的区别是什么？

第4章　楼板层与地坪层

 学习要点

掌握楼板层的作用、类型、组成和常见楼板层的构造特点及适用范围；掌握楼地面的组成和要求，了解常见楼地面的构造及使用特点；掌握楼板层及地坪层的构造设计要求；熟练掌握楼板的结构布置、梁的基本设置原理。了解顶棚、阳台、雨棚的分类、特点和一般构造。

4.1　概述

楼地层包括楼板层和地坪层，是建筑物中分隔空间的水平结构构件。楼板层分隔上下楼层空间，作墙或框架结构的水平支撑，承受本层楼面的使用荷载以及自重，并将其传递给承重墙或梁、柱。地坪层分隔土地与底层空间，并将其承受的荷载及自重均匀地传递给经过夯实的地基土。

楼地层通常由面层、结构层、附加层组成，同一个建筑物的楼板层和

楼地层的
基本知识

地坪层可以有相同的面层，也可以有不同的面层，但由于它们所处位置不同、受力不同，因此有不同的结构层。楼地层还具备一定的防火、隔声、防水、防潮等能力，并具有一定的装饰和保温作用。

4.2　楼板层

4.2.1　楼板层的设计要求

楼板层的设计应该满足安全、隔声、防火、防潮、防水、设备管线安装以及经济等多方面的要求。

1. 安全要求

楼板要保证安全和正常使用，应具有足够的强度和刚度。强度是指在荷载的作用下安全可靠，不发生任何破坏，刚度是指在荷载的作用下不产生过大的变形，保证正常使用。

2. 隔声要求

为了防止噪声通过楼板传到上层或下层房间，避免上下层的相互影响，保证使用者的私密性要求，楼板应具有一定的隔声功能。不同使用性质的房间对隔声的要求不同，对于一些对声音有特殊要求的房间例如广播室、录音室、演播室等，隔声要求较高。

3. 防火要求

楼板层应具有一定的防火能力，须按照不同耐火等级，进行相关防火设计。《建筑设计防火规范》GB 50016—2014（2018年版）规定，一级耐火等级建筑的楼板应当采用非燃烧体，耐火极限不少于1.5h；二级耐火极限不少于1h；三级耐火极限不少于0.5h；四

级耐火极限不少于0.25h。保证火灾发生时在一定时间内不至于因为楼板塌陷而给生命和财产带来损失。

4. 防潮、防水要求

对于有水侵袭的房间例如卫生间、厨房等，地面经常潮湿易积水，其楼板应具有防水、防潮的能力，在做好排水的同时，还应有足够的防潮措施。

5. 设备管线安装要求

现代建筑因为照明、制冷、采暖、新风等功能的要求以及建筑消防的需要等，较多的管线和风道需借助楼层板来敷设。为了保证室内平面布置更加灵活，空间使用更加完善，在楼板的设计中，必须考虑各种设备管线的走向以及空间高度要求。

6. 经济要求

在设计中，应结合建筑物的质量标准、使用要求以及施工技术条件，选择经济合理的结构形式，尽量减少材料的消耗和楼板的自重。

4.2.2 楼板层的组成

楼板层主要由面层、结构层、顶棚层、附加层组成（图4.2-1）。

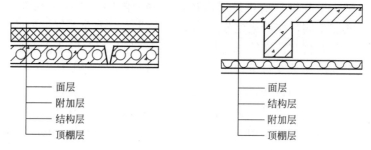

图 4.2-1 楼板层的组成

1. 面层

位于楼板层上表面，又称之为楼面。面层与人、家具设备等直接接触，起着保护楼板、承受并传递荷载的作用，同时，对室内有很重要的装饰作用。根据使用功能和装修要求的不同，面层有很多种不同的做法。

2. 结构层

是楼板层的承重部分，一般由板或梁、板组成。其重要功能是承受楼板层的荷载及自重，并将其传递给墙或柱，同时还对墙本身起到水平支撑作用，以加强建筑物的整体刚度。

3. 顶棚层

位于楼板的最下面，也是室内空间上部的装修层，俗称天花板。顶棚主要起到保温、隔声、装饰室内空间等的作用。

4. 附加层

位于面层和结构层或结构层与顶棚层之间，根据楼板层的具体功能要求而设置，故又称为功能层，主要作用有找平、隔声、隔热、保温、防水、防潮、防腐蚀、防静电等。

4.2.3 楼板的类型

楼板按结构层所用材料的不同，可分为木楼板、砖拱楼板、钢筋混凝土楼板、钢楼板及压型钢板组合楼板等。

1. 木楼板（图4.2-2）

木楼板自重轻，保温隔热性能好、舒适有弹性，但耗费木材较多，且耐火性和耐久性均较差，目前很少应用。

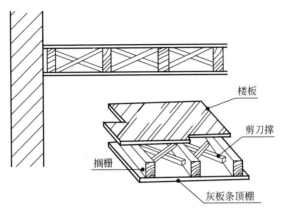

图 4.2-2 木楼板

2. 砖拱楼板

砖拱楼板是先在墙或柱上架设钢筋混凝土小梁，然后在钢筋混凝土小梁之间用砖砌成拱形结构所形成的楼板（图4.2-3），现在已基本不用。

3. 钢筋混凝土楼板（图4.2-4）

钢筋混凝土楼板是目前应用最广泛的楼板类型，因为钢筋混凝土楼板造价低廉，容易成型，强度高，耐火性和耐久性好，且便于工业化生产。

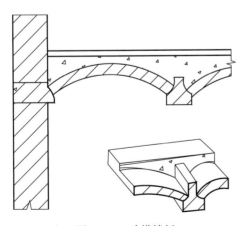

图 4.2-3 砖拱楼板

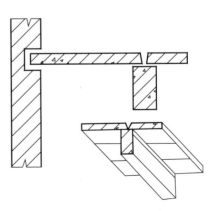

图 4.2-4 钢筋混凝土楼板

根据施工方法不同，钢筋混凝土楼板可分为现浇式、装配式和装配整体式三种。现浇钢筋混凝土楼板和装配式钢筋混凝土楼板应用较广，装配式楼板是将传统建造方式中的大量现场作业工作转移到工厂进行，在工厂加工制作好建筑用楼板和配件，运输到建筑施工现场，通过可靠的连接方式在现场装配安装而成。

4. 钢楼板

钢楼板自重轻、强度高、整体性好、易连接、施工方便、便于实现建筑工业化，但用钢量大、造价高、易腐蚀、维护费用高、耐火性比钢筋混凝土差，一般多用于工业类建筑。

5. 压型钢板组合楼板

压型钢板组合楼板是在钢筋混凝土楼板基础上发展起来的一种楼板。利用钢衬板作为楼板的受弯构件和底模，既提高了楼板的刚度和强度，又加快了施工速度（图 4.2-5）。

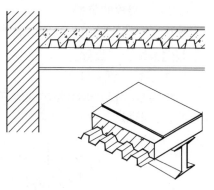

图 4.2-5 压型钢板组合楼板

4.2.4 现浇钢筋混凝土楼板

是指在施工现场通过支模板、绑扎钢筋、浇筑混凝土、养护、拆模而形成的楼板，由于是整体浇筑成型，因此具有整体性能好，刚度大，抗震性能强等优点，也便于楼板开孔洞、穿管以及布置管线。

钢筋混凝土楼板

根据传力方式的不同，现浇钢筋混凝土楼板可分为梁板式、无梁式两种。

1. 梁板式楼板（图 4.2-6）

梁板式楼板一般由板、次梁、主梁组成。主梁沿房间短跨布置，次梁和主梁一般垂直布置相交，板搁置在次梁上，次梁搁置在主梁上，主梁搁置在墙或柱上，次梁的间距即是板的跨度，板的厚度受跨度的影响，民用建筑板厚通常为 80～120mm。主、次梁布置对建筑物的使用、造价以及美观等有很大的影响。

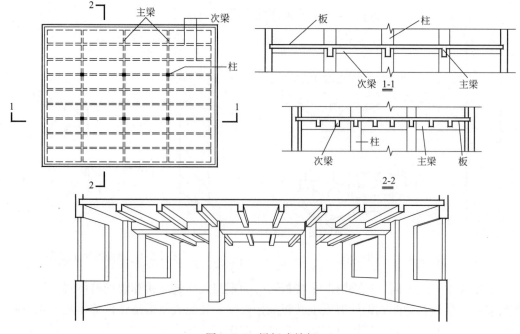

图 4.2-6 梁板式楼板

根据板的支承情况以及板的受力状况的不同，梁板式楼板分为单向板和双向板。当板的四周有支承，板的长边尺寸与短边尺寸之比大于 2 时，称为单向梁板式楼板，简称单向板（图 4.2-7）；当板的四周有支撑，板的长边尺寸与短边尺寸之比小于 2 时，称为双向梁板式楼板，简称双向板（图 4.2-8）。

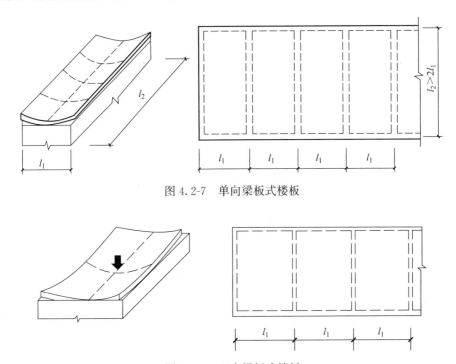

图 4.2-7　单向梁板式楼板

图 4.2-8　双向梁板式楼板

当房间的尺寸较大，且接近正方形时，可以将两个方向的梁等距离布置，梁的高度相等，无明显主次梁区分，形成井字梁，其楼板称为井格式楼板。井格式楼板的梁可以正交布置也可以斜交布置，由于两个方向的梁互相支撑，因此能创造较大的无柱空间，在层高不变的前提下能有效提高净空高度。高度相等的梁形成了板底部整齐的艺术效果，具有很强的装饰美化效果（图 4.2-9）。

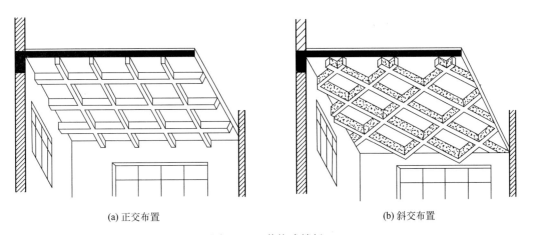

(a) 正交布置　　　　　　　　　　　　(b) 斜交布置

图 4.2-9　井格式楼板

在砖混结构中，当房间的尺寸较小，楼板的荷载可以直接传递给承重墙或梁，则不需要在板中设置梁，楼板直接搁置在承重墙或梁上，如图4.2-10所示。

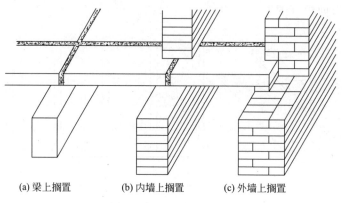

(a) 梁上搁置　　　　(b) 内墙上搁置　　　　(c) 外墙上搁置

图 4.2-10　楼板层的组成

2. 无梁楼板（图4.2-11）

无梁楼板是将板直接支承在柱或墙上，不设梁的楼板。直接支承在柱上的楼板，为提高楼板的承载力和刚度，常在柱顶设置柱帽和托板，增大柱对板的支撑接触面积，减少板的跨度。无梁楼板的板底平整，室内净空高度大，采光、通风条件好，便于采用工业化的施工方式，适用于楼面荷载较大的公共建筑（如商店、仓库、展览馆等）和多层工业厂房。无梁楼板可以获得较大的内部空间，适用于楼堂，大厅等需要大空间的地方，因为对抗震不利，有抗震要求的建筑不宜采用无梁楼板。

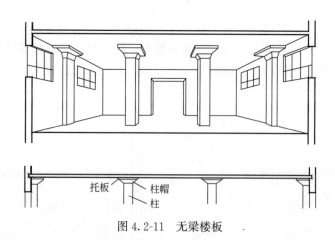

托板　　柱帽　　柱

图 4.2-11　无梁楼板

4.2.5　压型钢板组合楼板

压型钢板组合楼板是以截面为凸凹的压型钢板做钢衬板，与混凝土浇筑在一起构成的楼板结构。压型钢板起到现浇混凝土永久性模板的作用，可以简化施工程序，加快施工进度，同时钢板与混凝土共同工作，具有刚度大、整体性好的优点（图4.2-12）。压型钢板组合楼板由楼面层、组合

压型钢板
组合楼板

板和钢梁三部分组成，构造形式有单层压型钢板和双层压型钢板两种。

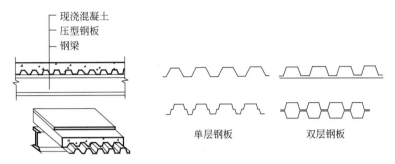

图 4.2-12　压型钢板组合楼板

　　压型钢板与压型钢板之间、压型钢板与钢梁之间一般采用焊接、螺栓连接、铆钉连接等方法连接；为了保证压型钢板和现浇混凝土之间有良好的粘结性能，提高楼板的整体性，常在压型钢板上做抗剪连接件——暗销（图 4.2-13）。

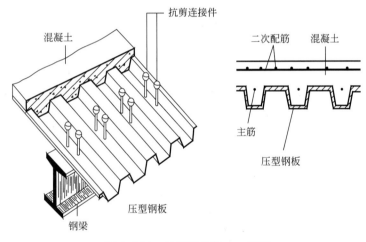

图 4.2-13　抗剪连接件——暗销

　　钢板和混凝土组合在一起，既提高了楼板的强度和刚度，又加快了楼板的施工进度，在大空间大跨度建筑、工业厂房建筑、高层建筑以及钢结构建筑中应用比较广泛。

4.2.6　装配式钢筋混凝土楼板

　　采用以标准化设计、工厂化生产、装配化施工、一体化装修和信息化管理为主要特征的工业化生产方式组织施工的装配式钢筋混凝土楼板是在工厂或预制场生产加工成型的混凝土预制件，直接运到施工现场进行装配安装，运用于楼面作水平承重构件承受竖向荷载。

　　装配式钢筋混凝土楼板有利于节水、节能、节地、节材，与传统现浇钢筋混凝土楼板相比，工期缩短，人工成本下降，质量通病减少，能源消耗降低，建筑垃圾少等诸多优点，经济效益、社会效益和环境效益十分显著，具有广阔的发展空间和市场前景。

　　常用的预制装配式钢筋混凝土楼板，根据传统的截面形式可分为实心平板、槽形板和空心板，新型预制板有很多种类型，包括预应力空心板、预应力双 T 板、桁架钢筋叠合板、预应力叠合板等。

1. 预制实心平板

实心平板上下板面平整，制作简单，安装方便。实心平板跨度一般不超过 2.4m，预应力实心平板跨度可达 2.7m，板厚应不小于跨度的 1/30，一般为 60～100mm。自重相对较大，隔声效果较差，常用作走道板、阳台板、雨篷板以及管沟盖板等（图 4.2-14）。

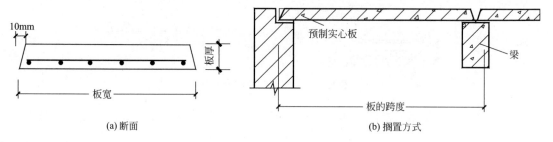

(a) 断面　　　　　　　　　　　　　　(b) 搁置方式

图 4.2-14　预制实心平板

2. 槽形板

槽形板是指将板做成带肋的形状，受力更合理，可以减轻板的自重，提高板的刚度。槽形板分为正置和倒置两种类型（图 4.2-15）。

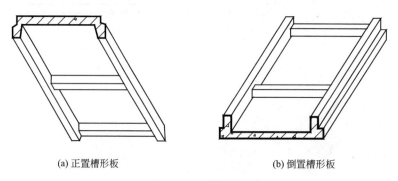

(a) 正置槽形板　　　　　　　　　(b) 倒置槽形板

图 4.2-15　槽形板

正置槽形板由于底板不平整，通常需要做吊顶，为避免板端肋被压坏，可在板端伸入墙内部分堵砖填实（图 4.2-16）。

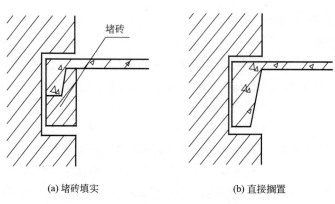

(a) 堵砖填实　　　　　　　　　　(b) 直接搁置

图 4.2-16　正置槽形板板端支撑在墙上

倒置槽形板受力不如正置槽形板合理，但可在槽内填充轻质材料，以解决板的隔声隔热以及保温等问题，而且容易保持顶棚的平整（图 4.2-17）。

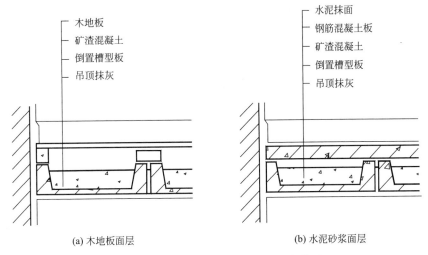

(a) 木地板面层　　　　　　　　　　(b) 水泥砂浆面层

图 4.2-17　倒置槽形板的楼面及顶棚构造

3. 空心板

空心板是一种梁板结合的预制构件，将实心平板抽孔做成空心板，其结构计算理论与槽型板相似，但其上下板面平整，自重小，隔热隔声效果优于槽型板（图 4.2-18）。

同槽型板一样，为避免板端被压坏，可在板端伸入墙内部分用混凝土或碎砖将孔洞填实（图 4.2-18）。

板缝用细石混凝土填实。

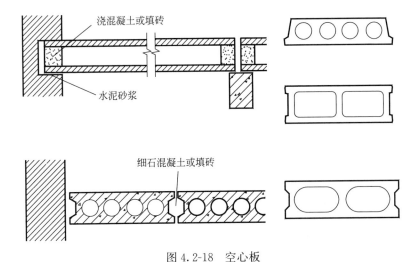

图 4.2-18　空心板

空心板通常是单向板，其短边为受力边，板的布置应避免出现三面支撑的情况，即楼板的长边不得搁置在梁或砖墙内，否则，在荷载作用下，板会产生裂缝（图 4.2-19）。

较大的板缝处理通常采用调整板缝、配筋灌缝、挑砖、墙边设置现浇板带等方式（图 4.2-20）。

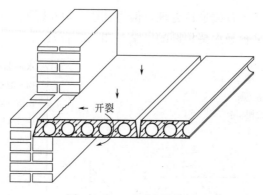

图 4.2-19　三面支承的板

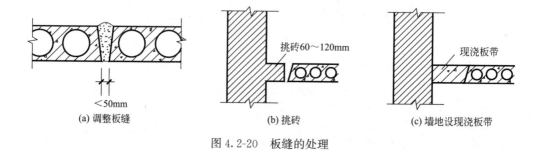

(a) 调整板缝　　　　　　(b) 挑砖　　　　　　(c) 墙地设现浇板带

图 4.2-20　板缝的处理

4.3　地坪层

地坪层是指建筑物底层与土壤接触的水平构件，承受其上的荷载，并将其均匀地传递给其下的地基土。地坪层主要由面层、垫层和基层三部分组成。有些有特殊要求的地坪层，需要增设相应的附加层，如结合层、防水层、保温层等（图 4.3-1）。

地坪层

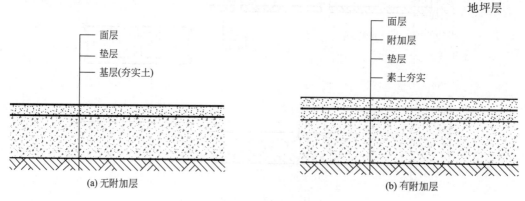

(a) 无附加层　　　　　　　　　　　　(b) 有附加层

图 4.3-1　地坪层的构造组成

1. 面层

地坪面层同楼板面层一样，位于地坪层上表面，又称之为地面。面层与人、家具、设备等直接接触，起着保护楼板、承受并传递荷载的作用，同时对室内有很重要的装饰作用。根据使用功能和装修要求的不同，面层有很多种不同的做法。

2. 垫层

垫层是地坪的结构层，承受荷载及自重，并将荷载传递给基层，通常由混凝土、三合土（石灰、炉渣、碎石）、碎砖等构成，其厚度一般为10～200mm。

3. 基层

基层也称作地基，通常做法是素土分层夯实，素土即不含杂质的砂质黏土，每300mm为一层，分层夯实。

4. 附加层

为了满足特殊使用功能要求而设置的构造层，如结合层、保温层、防水层、防潮层以及铺设管线层等。

4.4 楼地层的装饰装修

楼地层的装饰装修功能是保护楼板及地坪，满足正常使用要求，满足装饰美观方面的要求。

楼地面装饰装修

楼地面的装饰面层必须保证必要的强度、耐腐蚀、耐摩擦、耐磕碰、表面平整光滑等基本使用条件。此外，一楼室内地面还要有防潮的性能，浴室、厨房等要有防水性能，其他住宅室内地面要能防止擦洗地面等生活用水的渗漏。标准较高的地面还应考虑隔气、隔声、保温隔热以及富有弹性，使人感到舒适、不易疲劳以及不易受伤等功能。

楼地面装饰装修材料主要有水泥砂浆、水磨石、石材、木材、竹地板、涂料、地面砖、塑料地板、地毯等。

1. 水泥砂浆楼地面

传统水泥砂浆楼地面是早期较普遍使用的一种楼地面，其构造简单、坚固，能防潮、防水且造价低，但水泥地面蓄热系数大，冬天感觉冷，空气湿度大时容易产生凝结水，且表面易起尘，不易清洁（图4.4-1）。

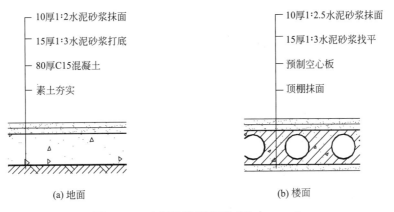

(a) 地面 — 10厚1:2水泥砂浆抹面 / 15厚1:3水泥砂浆打底 / 80厚C15混凝土 / 素土夯实

(b) 楼面 — 10厚1:2.5水泥砂浆抹面 / 15厚1:3水泥砂浆找平 / 预制空心板 / 顶棚抹面

图 4.4-1 水泥砂浆楼地面（尺寸：mm）

现在的水泥地面和传统的水泥砂浆楼地面不同，其根据地势高低自动流动以达到平整的效果，称作水泥自流平。因其安全、环保，施工速度快、抗返潮能力佳、与传统水泥地面相比更光滑自然等优势，广泛用于工厂、学校、医院等，现在也逐渐应用于住宅的楼地面装饰装修。

2. 水磨石楼地面

水磨石（也称磨石）是将碎石、玻璃、石英石等骨料拌入水泥粘接料制成混凝制品后经表面研磨、抛光的制品。以水泥粘接料制成的水磨石叫无机磨石，用环氧粘接料制成的水磨石又叫环氧磨石或有机磨石，水磨石按施工制作工艺又分现场浇筑水磨石（图 4.4-2）和预制板材水磨石。

传统的水磨石以其造价低廉、可任意调色拼花、表面硬度高、洁净度高、耐污损、施工方便等优势，有着较大的市场占有率。

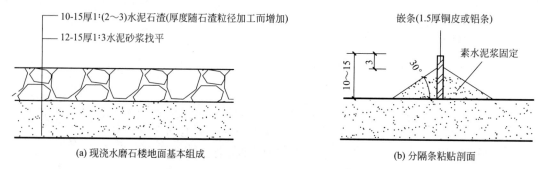

(a) 现浇水磨石楼地面基本组成　　　　(b) 分隔条粘贴剖面

图 4.4-2　现浇水磨石楼地面（尺寸：mm）

3. 石材楼地面

石材楼地面包括天然石材和人造石材。天然石材是楼地面装饰材料中较为贵重的装饰材料，根据其属性不同，又可把天然石材分为大理石和花岗石。大理石石材中天然缝隙所形成的自然纹理有极高的装饰性和欣赏价值，大理石的花纹变化丰富，线条图案流畅写意，而且色彩变化丰富。花岗岩的花纹都是斑点状，没有明显的成型图案，较为单一。大理石属中硬石材，其表面受大气中二氧化碳、水气的作用后容易风化和溶蚀，表面光泽很难长久保持，多用于室内，花岗岩化学性质稳定，多用于室外。人造石有预制水磨石、人造大理石等。

石材的构造做法通常是在混凝土结构层上先用 20～30mm 厚 1∶3 至 1∶4 干硬性水泥找平，再用 5～10mm 厚 1∶1 水泥砂浆铺贴石板，最后用填缝剂填充缝隙（图 4.4-3）。

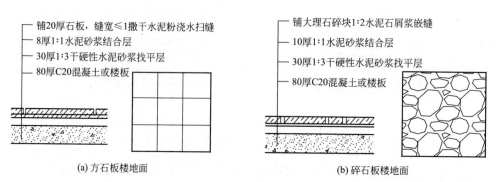

(a) 方石板楼地面　　　　　　　　(b) 碎石板楼地面

图 4.4-3　石板楼地面

4. 竹、木楼地面

（1）空铺式竹、木楼板地面（图4.4-4）

空铺式竹、木楼板地面常用于底层楼地面，其做法是将木地板架空，使底下有足够的空间通风，以防止地板受潮腐烂。

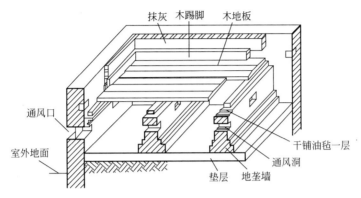

图4.4-4 空铺式木楼地面

（2）实铺式竹、木楼板地面

实铺式竹、木楼板地面的构造做法有铺钉式单层做法、铺钉式双层做法以及粘贴式木地板（图4.4-5）。粘贴式木地板的做法是在混凝土基层上用20mm厚1：2.5水泥砂浆找平，然后铺设防潮层垫作为防潮层，再用胶粘剂随涂随铺20mm厚硬木长条地板。

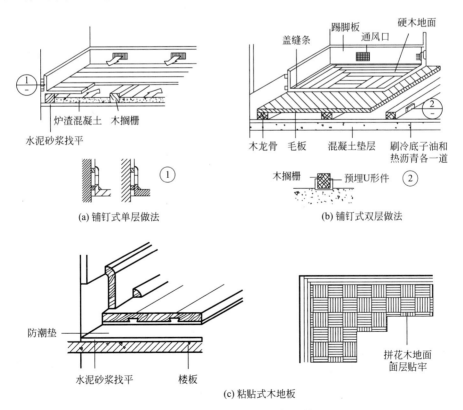

(a) 铺钉式单层做法　　　　　　　(b) 铺钉式双层做法

(c) 粘贴式木地板

图4.4-5 实铺式木楼地面构造做法

5. 踢脚线

踢脚线是设置在内墙面和楼地面交接处，遮盖墙体与地面接缝的一种构造，起到保护墙身以及防止擦洗地面时弄脏墙面的作用。根据使用材料的不同，一般有水泥砂浆、面砖、石材和木材等做法，高度通常为120～150mm，常与楼地面面层材料一致（图4.4-6）。

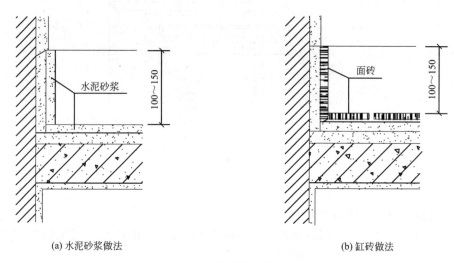

(a) 水泥砂浆做法　　　　　　　　(b) 缸砖做法

图 4.4-6　踢脚板构造（尺寸：mm）

4.5　楼地层的排水及防水

1. 有水房间的排水及防水

有水房间楼地层需做好排水及防水。排水一般采用1%～1.5%的坡度将水聚集到最低处，通过在最低处设置地漏进行排水，同时有水房间地面要低于无水房间20～30mm。在结构层上，做面层前需做防水层，防水层可以采用防水卷材，也可以用防水涂料，满铺并延伸至墙面一定高度处，通常做1.8m高（图4.5-1～图4.5-4）。

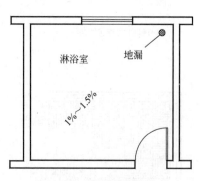

图 4.5-1　淋浴室地面排水

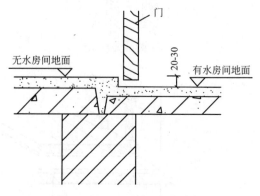

图 4.5-2　地面低于无水房间

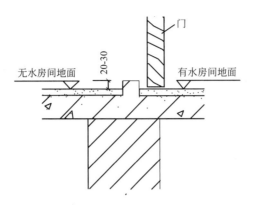

图 4.5-3　与无水房间地面齐平，设门槛

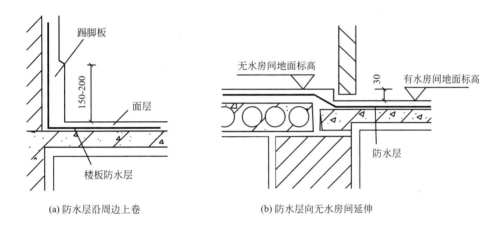

(a) 防水层沿周边上卷　　　　　　(b) 防水层向无水房间延伸

图 4.5-4　楼地面的防水构造

2. 有管道穿越楼地层的防水构造

在管道穿越的部位，防水卷材层或防水涂料沿周边上卷，冷水管道穿越楼板层时要采用细石混凝土进行处理，热水管道穿越楼板层时，要采用套管进行保护，以防止混凝土热胀冷缩开裂（图 4.5-5）。

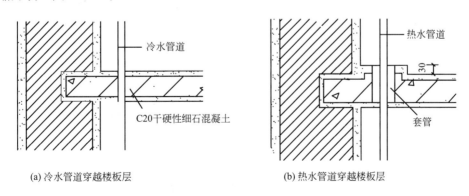

(a) 冷水管道穿越楼板层　　　　　　(b) 热水管道穿越楼板层

图 4.5-5　楼地面的防水构造

4.6 顶棚

顶棚又称天花板，是室内空间上部、楼板层最下面的部分，是现代建筑室内装饰中非常重要的组成部分，能起到美观、提高舒适感、隔声等作用，对结构层、屋架、梁以及其下的各种管网线路、设备等有遮挡的作用。顶棚的设计应该根据功能、安全、艺术、建筑物理性能要求、经济和构造等方面综合考虑。

顶棚、阳台、雨篷

按照构造方式的不同，顶棚分为直接式和悬吊式两种。

1. 直接式顶棚

直接式顶棚是指在结构层梁及板底面直接进行抹灰、喷刷涂料以及粘贴等装饰工序而成的顶棚形式，通常用于装修要求不高的简单装修，几乎不影响室内的净空高度（图 4.6-1～图 4.6-3）。

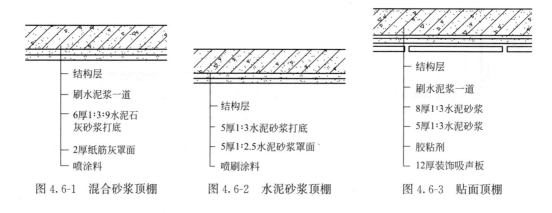

图 4.6-1 混合砂浆顶棚　　图 4.6-2 水泥砂浆顶棚　　图 4.6-3 贴面顶棚

2. 悬吊式顶棚

悬吊式顶棚是指通过吊筋、主龙骨、次龙骨以及面板形成的顶棚，广泛应用于各类建筑中，也称作吊顶。悬吊式顶棚通过悬挂物与主体结构连接在一起，离开屋顶或楼板的下表面有一定距离，对室内的净空高度有一定影响。

按龙骨材料的不同，吊顶可分为木龙骨吊顶和金属龙骨吊顶；按照结构构造形式的不同，可分为整体式吊顶、活动装配式吊顶、隐蔽装配式吊顶和开敞式吊顶。

（1）吊筋

吊筋又称为吊杆，是连接结构层与顶棚骨架的杆件。

（2）基层

基层又称为骨架层，指由主龙骨、次龙骨组成的网格骨架体系，主要作用是承受顶棚荷载并将荷载通过吊筋传给楼板或屋面板结构层。

（3）面层

面层的作用是装饰和美化室内空间，通常分为板材类和栅格类。面层的设计应结合灯具、风口、消防设备等的布置进行。面层与基层可以用连接件、紧固件连接，也可将面层搁置或挂扣在龙骨上，不需要连接件。

4.7　阳台

阳台是建筑物中的水平构件，是多层及高层建筑中不可缺少的室内外过渡空间，为人们提供户外活动的场所，可供使用者在上面休息、眺望、晾晒或从事其他活动，改变单元式住宅带给人们的封闭感和压抑感。阳台的设置对建筑物的外部形象也起着重要的作用。

阳台由阳台板和栏杆、扶手组成，阳台板是阳台的承重构件，栏杆和扶手是阳台的维护构件。

阳台应满足安全适用、坚固耐久以及排水顺畅的要求。

4.7.1　阳台的类型

阳台按照使用功能的不同可分为生活阳台和服务阳台；按照其与外墙面的关系，分为挑阳台（凸阳台）、凹阳台、半挑半凹阳台以及转角阳台（图 4.7-1～图 4.7-3）；按照结构布置方式分，分为挑梁式、挑板式、压梁式以及搁板式。

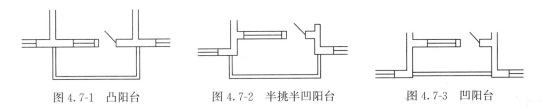

图 4.7-1　凸阳台　　　　　图 4.7-2　半挑半凹阳台　　　　　图 4.7-3　凹阳台

4.7.2　阳台的结构布置

1. 挑梁式

挑梁式阳台是指从建筑物的横墙上或梁、柱上伸出挑梁，在挑梁上布置阳台板。为防止阳台倾覆，挑梁压入横墙部分的长度不小于悬挑部分长度的 1.5 倍。通常在挑梁的端部设置与其垂直的边梁，亦称面梁或封头梁，以增加阳台的整体性，提高阳台的美观性（图 4.7-4）。

挑梁及阳台板均可以预制，也可以现浇。

2. 挑板式

挑板式阳台是指将楼板延伸至墙外，或从结构梁上挑板，形成阳台板（图 4.7-5）。由楼板以及其上墙体的重量抵抗阳台的倾覆，以保证阳台的稳定。挑板式阳台板底平整美观，

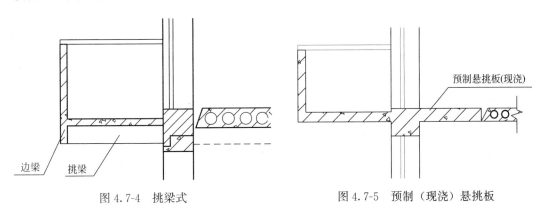

图 4.7-4　挑梁式　　　　　　　　图 4.7-5　预制（现浇）悬挑板

若采用现浇工艺，可将阳台平面做成半圆形、弧形、多边形等各种形式，增加建筑外立面以及建筑形体的美观性。

3. 压梁式

压梁式阳台是将凸阳台板与墙梁或框架梁整体现浇在一起（图 4.7-6），墙梁可以用加大的圈梁代替。阳台的荷载导致墙梁、框架梁处于受扭的状态，故阳台悬挑尺寸不宜过大，一般在 1m 以内为宜。

4. 搁板式

搁板式阳台适合凹阳台，阳台板搁置于阳台两侧凸出来的墙上。阳台板型和尺寸与楼板一致，受力简单，施工方便（图 4.7-7）。

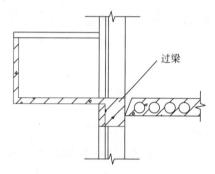

图 4.7-6 从过梁上挑出阳台板

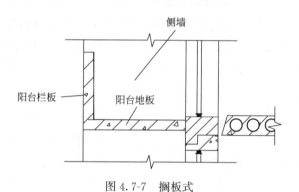

图 4.7-7 搁板式

4.7.3 阳台的细部构造

1. 栏杆、栏板

阳台的栏杆、栏板是设置在阳台外围的垂直构件，主要供人们凭栏倚扶，并保障人身安全，同时栏杆或栏板对建筑物的外立面还起到丰富及装饰作用（图 4.7-8）。

阳台的栏杆、栏板要有一定的安全高度，通常高于人体的重心，低层及多层建筑净高不低于1.05m，高层建筑不低于 1.1m，不宜高于 1.2m；栏杆距离地面 100mm 以内不应留空，镂空栏杆的垂直净距离不大于 110mm。

2. 排水

为防止雨水流入室内，阳台地面的设计标高应比室内地面低 30～50mm，阳台地面向排水口做1‰～2‰的坡度，防止雨水倒灌室内。阳台排水有外排水和内排水两种，外排水是在阳台外侧设置泄水管将水排出，泄水管挑出阳台栏板外面至少

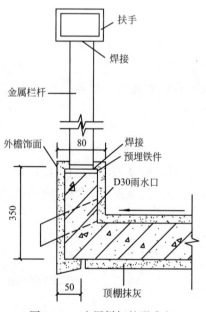

图 4.7-8 金属栏杆的形式和
构造（尺寸：mm）

80mm（图 4.7-9）；内排水是在阳台内侧设置地漏和排水立管，将积水引入地下管网（图4.7-10），内排水适用于高层建筑或有特殊要求的建筑。

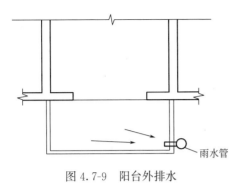

图 4.7-9　阳台外排水

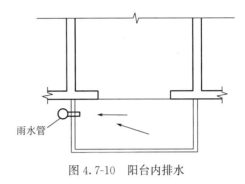

图 4.7-10　阳台内排水

4.8　雨篷

雨篷是在建筑物出入口上方设置的挡雨构件，给人们提供一个从室外到室内的过渡空间，有入口提示指引作用，同时可以保护大门，并丰富建筑立面造型。

雨篷的形式多种多样（图 4.8-1～图 4.8-6），影响因素有很多，建筑物的性质、出入口的大小和位置、地区气候特点以及立面造型要求等。雨篷板的支承可以采用悬挑板，也可以采用墙或柱支承。悬挂式雨篷和点支玻璃雨篷轻巧美观，通常采用金属和玻璃材料，对建筑入口的烘托和建筑立面的美化有很好的作用，广泛应用于建筑主入口及对立面要求较高的地方。

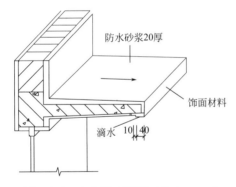

图 4.8-1　自由落水雨篷（尺寸：mm）

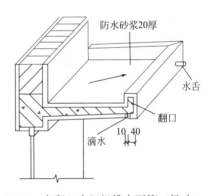

图 4.8-2　有翻口有组织排水雨篷（尺寸：mm）

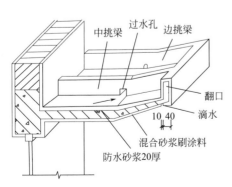

图 4.8-3　折挑倒梁有组织排水雨篷（尺寸：mm）

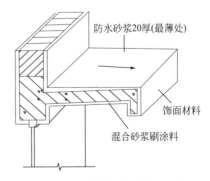

图 4.8-4　下翻口自由落水雨篷（尺寸：mm）

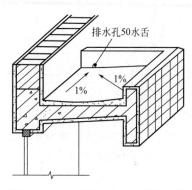

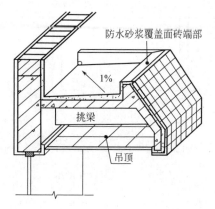

图 4.8-5　上下翻口有组织排水雨篷　　　　图 4.8-6　下挑梁有组织排水带吊顶雨篷

制作雨篷的材料有钢筋混凝土、金属和玻璃等。

思考题

1. 楼板层与地面的相同和不同之处是什么？
2. 楼板层的基本组成及设计要求有哪些？
3. 楼板隔绝固体声的方法有哪些？
4. 简述常用的装配式钢筋混凝土楼板的类型及其特点和适用范围。
5. 简述现浇钢筋混凝土楼板的布置原则是什么？
6. 井字楼板、无梁楼板和肋梁楼板的区别有哪些？各适用范围是哪些？
7. 地坪的组成及各层的作用是什么？
8. 简述阳台的作用及结构布置方式。
9. 简述雨篷的作用及形式。

第 5 章　楼梯

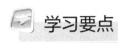
本章主要学习楼梯的分类和构造。重点掌握楼梯的分类、特点及适用范围；掌握楼梯的构造形式及组成；掌握钢筋混凝土楼梯的构造；了解楼梯细部构造的一般知识；了解建筑其他垂直交通设施。

5.1　概述

建筑的交通联系空间包括水平交通联系和垂直交通联系空间，水平交通联系连接同一楼层同一标高处不同的空间部位，包括走廊和走道；垂直交通联系连接建筑物各楼层以及存在高差的部位，包括楼梯、垂直升降电梯、自动扶梯、台阶、坡道以及爬梯等设施。楼梯是由连续行走的梯级、休息平台和维护安全的栏杆（或栏板）、扶手以及相应的支托结构组成的作为楼层之间垂直交通用的建筑部件，使用最为普遍；垂直升降电梯多用于七层以上的多层建筑、高层建筑以及部分标准要求较高的低层建

楼梯的概述
及分类

筑；自动扶梯常用于人流量大且使用要求高的公共建筑；台阶用于室内外高差之间和室内局部高差之间的联系；坡道则用于建筑中有无障碍交通要求的高差之间的联系，也用于地下车库、多层车库中车辆的通行，以及酒店建筑、医疗建筑等门前；爬梯专用于检修以及部分景区等具有特殊要求的地方。

建筑物中楼梯作为楼层间垂直交通用的建筑部件，用于楼层之间和高差较大时的交通联系。在设有电梯、自动梯作为主要垂直交通手段的多层和高层建筑中也要设置疏散楼梯。楼梯的设计应符合以下要求：交通线路简明、快捷、联系方便；良好的采光、通风和照明条件；满足规范要求的高度、宽度，保证人流畅通，紧急情况下能够迅速、安全疏散等，当专用建筑设计标准对楼梯有明确规定时，应按国家现行专用建筑设计标准的规定执行。

楼梯由连续梯级的梯段、平台和围护构件等组成。一个梯段的水平投影长度为梯长，垂直投影长度为梯高（图5.1-1、图5.1-2）。

容纳楼梯的空间称为楼梯间，是一个相对独立的建筑空间。楼梯根据其所处场所有无墙体和屋顶，分为室外楼梯和室内楼梯（图5.1-3、图5.1-4），室内楼梯具有楼梯间，位于建筑物内部的楼梯间按照不同的防火要求、楼梯间的封闭程度可分为开敞楼梯间、封闭楼梯间以及带有防烟前室的封闭楼梯间即防烟楼梯间。

楼梯间除了允许直接对外开窗采光外，不能向室内的任何房间开窗；对于高层建筑这种对防火要求较高的建筑物，应该设计成封闭式楼梯或者防烟楼梯。疏散楼梯间要尽量采

图 5.1-1 楼梯平台板

图 5.1-2 楼梯梯段

图 5.1-3 室外楼梯

图 5.1-4 室内楼梯

用自然通风，以提高排出进入楼梯间内烟气的可靠性，确保楼梯间的安全。楼梯间靠外墙设置，有利于楼梯间直接天然采光和自然通风。不能利用天然采光和自然通风的疏散楼梯间，需按要求设置封闭楼梯间或防烟楼梯间，并采取防烟措施。

开敞式楼梯间是指建筑物内由墙体等围护构件构成的无封闭防烟功能，且与其他使用空间相通的楼梯间（图 5.1-5）。

封闭楼梯间（图 5.1-6）是指设有能阻挡烟气的双向弹簧门或乙级防火门的楼梯间，用耐火建筑构件分隔，能防止烟和热气进入，高层民用建筑和高层工业建筑中封闭楼梯间的门应为向疏散方向开启的乙级防火门。

防烟楼梯间（图 5.1-7），顾名思义就是能防止烟和热气进入的疏散楼梯间，具体指具有防烟前室和防排烟设施并与建筑物内使用空间分隔，在楼梯间入口处设有防烟前室，或设有专供排烟用的阳台、凹廊等，且通向前室和楼梯间的门均为乙级防火门。

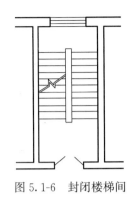

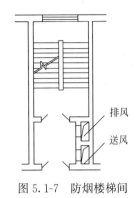

排风

送风

图 5.1-5　开敞楼梯间　　　　图 5.1-6　封闭楼梯间　　　　图 5.1-7　防烟楼梯间

5.2　楼梯的类型和要求

　　楼梯是建筑物各层间的垂直交通联系部分，是竖向交通和人员紧急疏散的主要交通设施，是楼层人流疏散的必经道路。楼梯的设计包括：根据使用要求和人流通行情况确定楼梯的数量、楼梯和休息平台的宽度、选择适当的楼梯形式和种类、楼梯的位置和空间组合。楼梯的数量、位置、宽度和楼梯间形式应满足使用方便和安全疏散的要求。供老年人、残疾人使用及其他专用服务楼梯应符合专用建筑设计规范的规定。楼梯的数量、位置、梯段净宽和楼梯间形式应满足使用方便和安全疏散的要求。

5.2.1　楼梯的类型

　　按位置不同可分为室内楼梯与室外楼梯两种；按使用性质不同可分为主要楼梯、辅助楼梯、安全楼梯、防火楼梯；按主体结构所用材料不同可分为木质楼梯、钢筋混凝土楼梯、钢质楼梯、混合式及金属楼梯；按结构形式分类，可分为梁式楼梯、板式楼梯、悬臂式楼梯、悬挂式楼梯、悬挑式楼梯等；按楼梯的平面形式可分为直行单跑楼梯（图 5.2-1）、直行多跑楼梯（图 5.2-2）、三跑楼梯（图 5.2-3）、双跑平行楼梯（图 5.2-4）、双分平行楼梯（图 5.2-5）、双合平行楼梯、转角楼梯（图 5.2-6）、双分转角楼梯（图 5.2-7）、弧形楼梯（图 5.2-8）、螺旋楼梯（图 5.2-9）、交叉楼梯（图 5.2-10）、剪刀楼梯等。楼梯形式的选择取决于其所处位置、楼梯间的平面形状与大小、楼层高低与层数、人流多少与缓急等因素。

图 5.2-1　直行单跑楼梯　　　　图 5.2-2　直行多跑楼梯　　　　图 5.2-3　三跑楼梯

图 5.2-4　双跑平行楼梯

图 5.2-5　双分平行楼梯

图 5.2-6　转角楼梯

图 5.2-7　双分转角楼梯

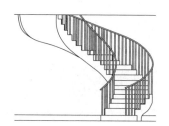

图 5.2-8　弧形楼梯

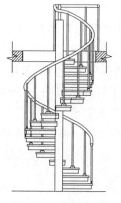

图 5.2-9　螺旋楼梯

图 5.2-10　交叉楼梯

5.2.2　楼梯的组成

楼梯由梯段、楼梯平台，栏杆和扶手组成（图 5.2-11）。

楼梯段由若干个踏步组成，踏步由踏面和踢面组成。每个梯段的踏步不应超过 18 级，亦不应少于 3 级。

楼梯平台是指连接两个楼梯段之间的水平结构，根据平台与楼层关系的不同有楼层平台和中间平台之分。两个楼层之间的平台称为中间平台，也称为休息平台，用来供人们上下行走时暂时休息并改变行走方向。与楼

楼梯的组成
和尺度要求

层地面标高平齐的平台称为楼层平台。

栏杆（栏板）是设置在楼梯段和平台临空侧的围护构件，应有一定的强度和刚度，并应在上部设置供人们手扶持用的扶手，扶手是设在栏杆顶部供人们上下楼梯倚扶的连续配件。

为了保证楼梯上下行人的安全，楼梯应至少于一侧设扶手，梯段净宽达三股人流时应两侧设扶手，达四股人流时宜加设中间扶手。室内楼梯扶手高度自踏步前缘线量起不宜小于 0.90m，靠楼梯井一侧水平扶手长度超过 0.50m 时，其高度不应小于 1.05m。临空高度在 24m 以下时，栏杆高度不应低于 1.05m，临空高度在 24m 及 24m 以上（包括中高层住宅）时，栏杆高度不应低于 1.10m，栏杆高度应从楼地面或屋面至栏杆扶手顶面垂直高度计算，如底部有宽度大于或等于 0.22，且高度低于或等于 0.45m 的可踏部位，应从可踏部位顶面起计算。栏杆离楼面或屋面 0.1m 高度内不宜留空。当采用垂直杆件做栏杆时，其杆件净距不应大于 0.11m。

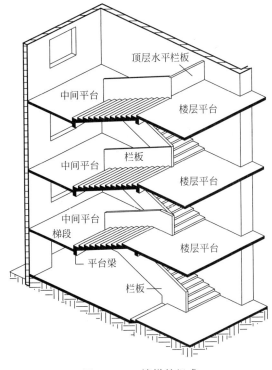

图 5.2-11 楼梯的组成

托儿所、幼儿园、中小学校及其他少年儿童专用活动场所，当楼梯井净宽大于 0.2m 时，必须采取防止少年儿童坠落的措施。楼梯段及平台围合成的空间为楼梯井，防止其在楼梯扶手上做滑梯游戏，产生坠落事故跌落楼梯井底。楼梯栏杆应采用不易攀登的构造和花饰；杆件或花饰的镂空处净距不得大于 0.11m，楼梯扶手上应加装防止少年儿童溜滑的设施。

5.2.3 踏步细部尺寸

踏步尺寸是指踏步的宽度和踏步的高度，踏步的高宽比根据人流行走的舒适、安全、楼梯间尺寸和面积等因素确定。踏步的宽度和高度可按照经验公式求得：$b+2h=600$，b 为踏步的宽度，h 为踏步的高度。楼梯踏步的最小宽度和最大高度见表 5.2-1。踏步尺寸有正常处理的踏步、梯面倾斜、加做踏步檐（图 5.2-12～图 5.2-14）。

楼梯踏步最小宽度和最大高度（mm）　　　　　　　　　　　表 5.2-1

楼梯类别	最小宽度	最大高度
住宅共用楼梯	260	175
幼儿园、小学校等楼梯	260	150
电影院、剧场、体育馆、商场、医院、旅馆和大中学校等楼梯	280	160
其他建筑楼梯	260	170
专用疏散楼梯	250	180
服务楼梯、住宅套内楼梯	220	200

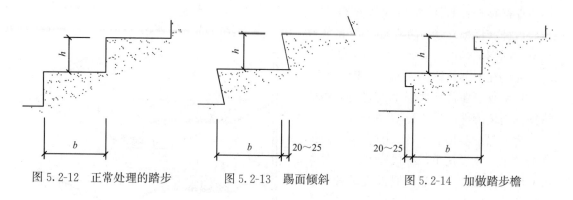

图 5.2-12　正常处理的踏步　　图 5.2-13　踢面倾斜　　图 5.2-14　加做踏步檐

无中柱螺旋楼梯和弧形楼梯离内侧扶手中心 0.25m 处的踏步宽度不应小于 0.22m（图 5.2-15）。

梯段内每个踏步高度、宽度应一致，相邻梯段的踏步高度、宽度宜一致，以保证楼梯的舒适性和防止摔跤。当同一梯段首末两级踏步的楼面面层厚度不同时，应注意调整结构的级高尺寸，避免出现高低不等。当楼梯在首层及避难层按防火标准要求进行分隔，上下层梯段断开，可不视为相邻梯段，踏步可按不同的高度和宽度设计。

楼梯踏步高宽比是根据楼梯坡度要求和不同类型人体自然跨步（步距）要求确定的，符合安全和方便舒适的要求。坡度一般控制在 30°左右。对仅供少数人使用的住宅套内楼梯则放宽要求，但不宜超过 45°。步距是按水平跨步距离公式（$2r+g$）计算的，式中 r 为踏步高度，g 为踏步宽度，成人和儿童、男性和女性、青壮年和老年人均有所不同，一般在 560～630mm 范围内，少年儿童在 560mm 左右，成人平均在 600mm 左右。按本条规定的踏步高宽比能反映楼梯坡度和步距。

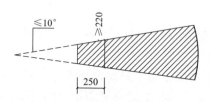

图 5.2-15　扇形踏步（尺寸：mm）

疏散用楼梯和疏散通道上的阶梯不宜采用螺旋楼梯和扇形踏步，当必须采用时，踏步上下两级所形成的平面角度不应大于 10°，且每级离扶手 250mm 处的踏步深度不应小于 220mm。

5.2.4　梯段的宽度

我国规定每股人流按 [0.55+（0～0.15）] m 计算，其中 0～0.15 为人在行走中的摆幅。梯段改变方向时，扶手转向端处的平台最小宽度不应小于梯段宽度，并不得小于 1.20m，当有搬运大型物件需要时应适量加宽。

当一侧有扶手时，梯段净宽应为墙体装饰面至扶手中心线的水平距离，当双侧有扶手时，梯段净宽应为两侧扶手中心线之间的水平距离。当有凸出物时，梯段净宽应从凸出物表面算起。本条明确了当楼梯一侧有扶手时，梯段净宽应考虑扣除墙面装饰的构造厚度。另外，当有框架柱或其他构件、设施等凸出在楼梯间内（凸出楼梯间四角的除外）影响通行宽度时，梯段净宽应从凸出部分算起。当楼梯附设无障碍升降平台时，梯段净宽应自升降平台折起后的最外缘算起。

单人通行的梯段宽度一般应为 800～900mm；双人通行的梯段宽度一般应为 1100～

1400mm；三人通行的梯段宽度一般应为 1650～2100mm。如更多的人流通行，则按每股人流增加［550＋（0～150）］mm 的宽度。当梯段宽度大于 1400mm 时一般应设靠墙扶手，而当楼梯上超过 4～5 股人流时一般应加设中间扶手（图 5.2-16）。

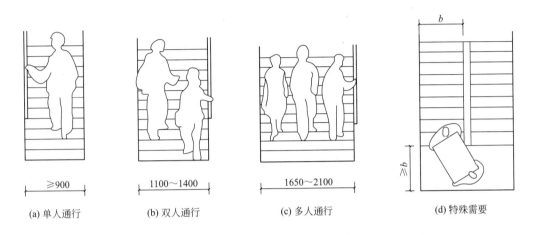

(a) 单人通行　　(b) 双人通行　　(c) 多人通行　　(d) 特殊需要

图 5.2-16　梯段宽度

5.2.5　梯段及平台净高

我国规定，在楼梯段间的净空高度不应小于 2.2m，平台过道处净高不应小于 2m。

梯段净高为自踏步前缘（包括最低和最高一级踏步前缘线以外 0.3m 范围内）量至上方突出物下缘间的垂直高度（图 5.2-17）。

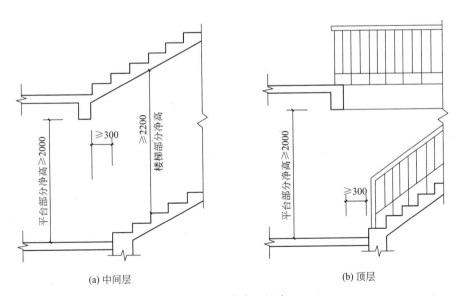

(a) 中间层　　　　　　　　(b) 顶层

图 5.2-17　梯段净高（尺寸：mm）

当首层楼梯的休息平台下面用作通道时，平台梁底部到地面的距离应该大于 2.0m，为了保证这一要求，在设计时，底层楼梯的布置应做一些特殊处理（图 5.2-18）。

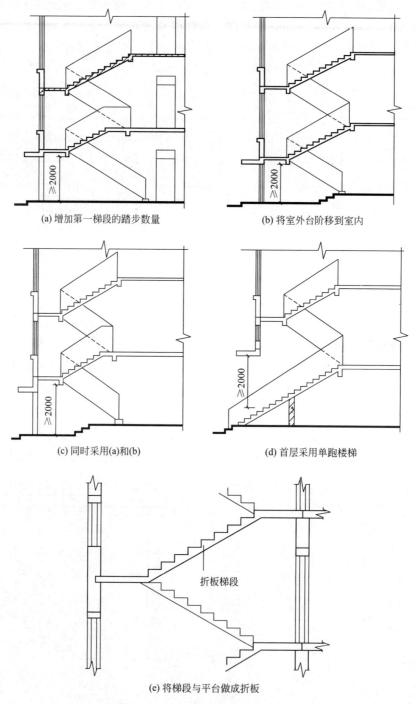

(a) 增加第一梯段的踏步数量　　　　(b) 将室外台阶移到室内

(c) 同时采用(a)和(b)　　　　(d) 首层采用单跑楼梯

折板梯段

(e) 将梯段与平台做成折板

图 5.2-18　楼梯的特殊处理（尺寸：mm）

　　1. 将室外的台阶移几步到室内来，通过降低楼梯间入口处的地面标高，来增加该处的净高。

　　2. 通过增加第一楼梯段的踏步量来抬高休息平台的高度，以达到增加该处净高的目的。

3. 同时采用上述两种方法来增加该处净高。

4. 如果层高较小，底层楼梯也可以采用单跑楼梯来满足通道要求，但踏步不可大于18步。

5. 取消板式楼梯中的部分平台梁，将梯段与平台做成折板，以达到增加该处净高的目的。

5.3　楼梯的构造

5.3.1　明步楼梯和暗步楼梯

梁式楼梯的斜梁一般设置在踏步板的下方，从梯段侧面就能看见踏步，俗称明步楼梯。明步楼梯的梯段下部形成梁的暗角，容易积灰，影响美观，把斜梁设置在踏面板的两侧，从梯段侧面能看见斜梁，形成暗步楼梯。如图5.3-1～图5.3-9所示。

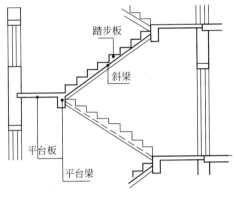

图5.3-1　梁式楼梯剖面图

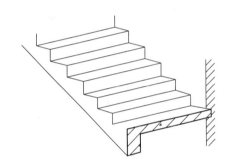

图5.3-2　梯段一侧设斜梁

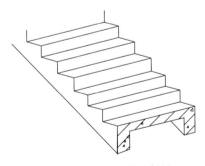

图5.3-3　梯段两侧设斜梁

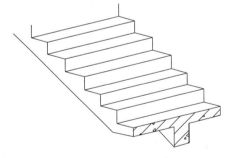

图5.3-4　梯段中间设斜梁

5.3.2　现浇式楼梯和预制装配式楼梯

钢筋混凝土楼梯按施工方式可分为现浇式和预制装配式两类。

1. 现浇式钢筋混凝土楼梯

现浇式钢筋混凝土楼梯又称为整体式钢筋混凝土楼梯（图5.3-10）。是在施工现场支模，绑扎钢筋并浇筑混凝土而成的。这种楼梯整体性好，刚度大，对抗震较有利，但施工速度慢，模板耗费多。

楼梯的构造

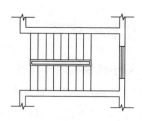

图 5.3-5　墙承式楼梯

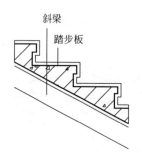

图 5.3-6　明步楼梯

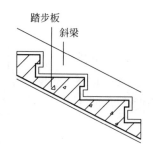

图 5.3-7　暗步楼梯

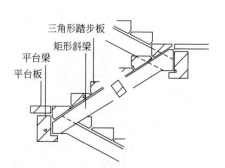

(a) 三角形踏步板矩形斜梁

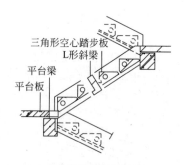

(b) 三角形踏步板L形斜梁

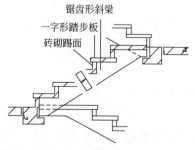

(c) 一字形踏步板锯齿形斜梁

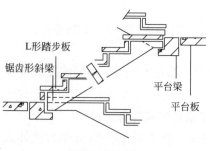

(d) L形踏步板锯齿形斜梁

图 5.3-8　梁承式楼梯

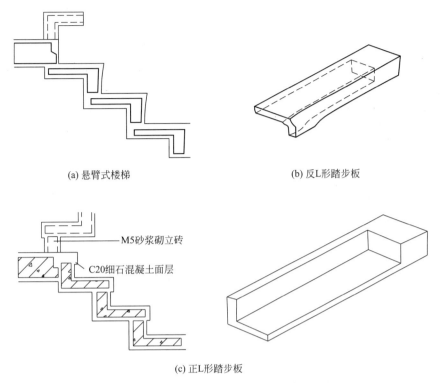

(a) 悬臂式楼梯　　　　　　　　　　(b) 反L形踏步板

M5砂浆砌立砖

C20细石混凝土面层

(c) 正L形踏步板

图 5.3-9　悬臂式楼梯与踏步板

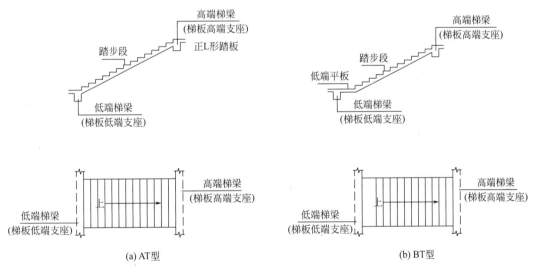

(a) AT型　　　　　　　　　　　　(b) BT型

图 5.3-10　现浇钢筋混凝土楼梯

　　现浇钢筋混凝土楼梯按梯段的传力特点，分为板式楼梯和梁式楼梯。

　　板式梯段指的是楼梯段作为一块整版，斜放在楼梯的平台梁上，此时板的跨度就为平台梁之间的距离（图 5.3-11）。也有带平台板的板式楼梯，也就是把一个或两个平台板和一个梯段组合成一块折形板，这种形式扩大了平台下的净空，并且形式简洁。

图 5.3-11　板式楼梯

梁式梯段指的是当梯段较宽或者是楼梯负荷较大时，需增加梯段斜梁来承受板的荷载，同时将荷载传给平台梁。这种情况下采用板式梯段不经济。在结构布置上，梁板式梯段根据梯段的宽度可分为单梁布置和双梁布置或三梁布置。

2. 预制装配式钢筋混凝土楼梯

预制装配式钢筋混凝土楼梯是将楼梯分成休息板、楼梯梁、楼梯段三个部分。将构件在加工厂或施工现场进行预制，施工时将预制构件进行装配、焊接。

预制装配式钢筋混凝土楼梯根据构件尺度不同分为小型构件装配式和大、中型构件装配式两类。

（1）小型构件装配式钢筋混凝土楼梯

小型构件装配式钢筋混凝土楼梯的主要特点是构件小而轻，易制作，但施工繁而慢，湿作业多，耗费人力，适用于施工条件较差的地区。

构件类型：小型构件装配式钢筋混凝土楼梯的预制构件主要有钢筋混凝土预制踏步、平台板、支撑结构。

支撑方式：预制踏步的支撑方式一般有墙承式、悬臂踏步式、梁承式三种。

1）墙承式

预制装配墙承式钢筋混凝土楼梯是指预制钢筋混凝土踏步板直接搁置在墙上的一种楼梯形式，其踏步板一般采用一字形、L形断面。这种楼梯由于在梯段之间有墙，搬运家具不方便，也阻挡视线，上下人流易相撞。通常在中间墙上开设观察口，以使上下人流视线流通。也可将中间墙两端靠平台部分局部收进，以使空间通透，有利于改善视线和搬运家具物品。但这种方式对抗震不利，施工也较麻烦。

2）悬臂踏步式

预制装配墙悬臂踏步式钢筋混凝土楼梯是指预制钢筋混凝土踏步板一端嵌固于楼梯间侧墙上，另一端凌空悬挑的楼梯形式。

预制装配墙悬臂踏步式钢筋混凝土楼梯用于嵌固踏步板的墙体厚度不应小于240mm，踏步板悬挑长度一般≤1800mm。踏步板一般采用L形带肋断面形式，其入墙嵌固端一般做成矩形断面，嵌入深度240mm。一般情况下，没有特殊的冲击荷载，悬臂踏步式钢筋混凝土楼梯还是安全可靠的，但不适宜用在7度以上的地震区建筑。

3）梁承式

预制装配梁承式钢筋混凝土楼梯是指将预制踏步搁置在斜梁上形成梯段，梯段斜梁搁置在平台梁上，平台梁搁置在两边墙或梁上；楼梯休息平台可用空心板或槽形板搁在两边墙上或用小型的平台板搁在平台梁和纵墙上的一种楼梯形式。

（2）大、中型构件装配式钢筋混凝土楼梯

构件从小型改为大、中型可以减少预制构件的品种和梳理，利于吊装工具进行安装，从而简化施工，加快速度，减轻劳动强度。

大型构件装配式钢筋混凝土楼梯是将楼梯梁平台预制成一个构件，断面可做成板式或空心板式、双梁槽板式或单梁式。这种楼梯主要用于工业化程度高、专用体系的大型装配式建筑中，或用于建筑平面设计和结构布置有特别需要的场所。

中型构件装配式钢筋混凝土楼梯一般以楼梯段和平台各作一个构件装配而成。

1）平台板

平台板可用一般楼板，另设平台梁。这种做法增加了构件的类型和吊装的次数，但平台的宽度变化灵活。平台板也可和平台梁结合成一个构件，一般采用槽形板，为了地面平整，也可用空心板，但厚度需较大，现较少采用。

平台板平行于梁布置，有利于加强楼梯间的整体刚度，垂直布置时，常用小平板（图 5.3-12、图 5.3-13）。

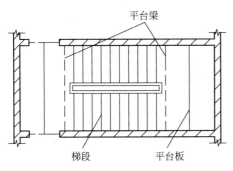

图 5.3-12　平台板平行于平台梁

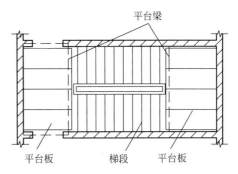

图 5.3-13　平台板垂直于平台梁

2）梯段

梯段有板式和梁板式两种。板式梯段有实心和空心之分，实心板自重较大；空心板可纵向或横向抽孔，纵向抽孔厚度较大，横向抽孔孔型可以是圆形或三角形。

5.3.3　踏步面层及防滑处理

楼梯踏步的踏面应光洁、耐磨，易于清扫。面层常采用水泥砂浆、水磨石等，亦可采用铺缸砖、贴油地毡或铺大理石板，前两种多用于一般工业与民用建筑中，后几种多用于有特殊要求或较高级的公共建筑中。

楼梯踏步应采取防滑措施（图 5.3-14），可采用饰面防滑、设置防滑条等。防滑措施的构造应注意舒适与美观，构造高度可与踏步平齐、凹入或略高。为了避免行人滑倒，同时起到保护踏步阳角的作用，特别是水磨石面层以及其他表面光滑的面层，常在踏步近踏口处，用不同于面层的材料做出略高于踏面的防滑条，或用带有槽口的陶土块或金属板包住踏口，常用的防滑条材料有水泥钢屑、金刚砂、铝条、铜条及防滑砖等，防滑条通常高出踏步面 2～3mm（图 5.3-15～图 5.3-20）。

图 5.3-14　踏步面层防滑处理

如果面层系采用水泥砂浆抹面，由于表面粗糙，可不做防滑条。

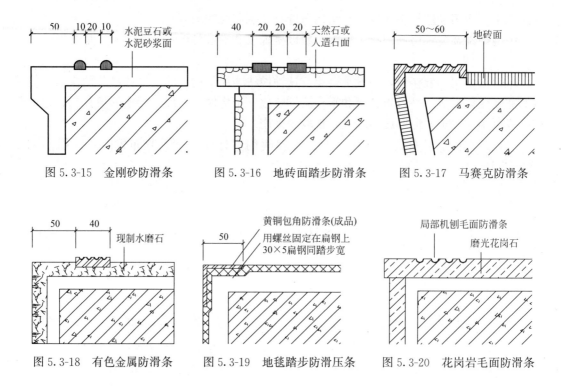

图 5.3-15　金刚砂防滑条　　　图 5.3-16　地砖面踏步防滑条　　　图 5.3-17　马赛克防滑条

图 5.3-18　有色金属防滑条　　　图 5.3-19　地毯踏步防滑压条　　　图 5.3-20　花岗岩毛面防滑条

5.3.4　无障碍楼梯和台阶形式

无障碍楼梯宜采用直线形楼梯，公共建筑无障碍楼梯的踏步宽度不应小于 280mm，踏步高度不应大于 160mm，不应采用无踢面和直角形突缘的踏步，踏面应平整不光滑，宜在两侧均做扶手，如采用栏杆式楼梯，在栏杆下方宜设置安全阻挡措施，明步踏面应设高不小于 50mm 安全挡台，踏面应平整防滑或在踏面前缘设防滑条，距踏步起点和终点 250～300mm 宜设提示盲道，踏面和踢面的颜色宜有区分和对比，楼梯上行及下行的第一阶宜在颜色或材质上与平台有明显区别（图 5.3-21、图 5.3-22）。

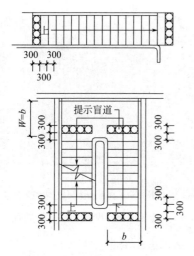

图 5.3-21　双跑平行楼梯（尺寸：mm）

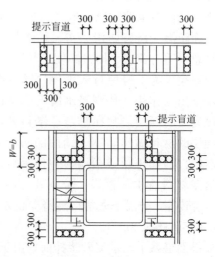

图 5.3-22　三跑楼梯（尺寸：mm）

公共建筑的无障碍室内外台阶踏步宽度不宜小于300mm，踏步高度不宜大于150mm，并不应小于100mm；踏步应防滑；三级及三级以上的台阶应在两侧设置扶手；台阶上行及下行的第一阶宜在颜色或材质上与其他阶有明显区别。

5.3.5 栏杆与踏步的构造

1. 栏杆

楼梯的栏杆（栏板）和扶手是梯段上所设置的安全设施，根据梯段的宽度设于一侧或两侧或梯段中间，应满足安全、坚固、美观、舒适、构造简单、施工维修方便等要求。

空心栏杆多采用方钢、圆钢、钢管、扁钢、铸铁或木材等材料，并可焊接或铆接成各种图案，既起防护作用，又起装饰作用（图5.3-23、图5.3-24）。

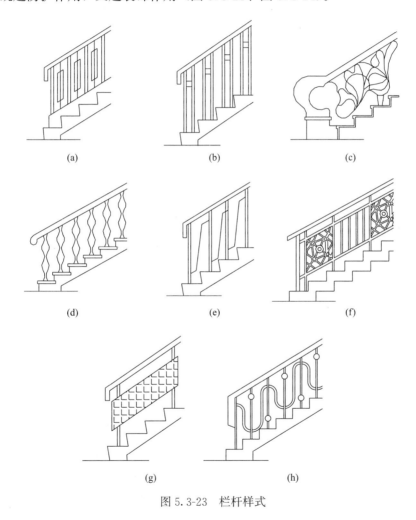

图 5.3-23 栏杆样式

2. 栏杆与踏步的连接

金属栏杆与踏步常用的连接方式有锚固连接、焊接和螺栓连接。

锚固连接是指将栏杆端部做成开脚，埋入踏步的预留孔中，然后用水泥砂浆或细石混凝土嵌牢；焊接是将栏杆焊接在踏步的预埋钢板上；螺栓连接是指栏杆靠螺栓固定在踏步板上（图5.3-25）。

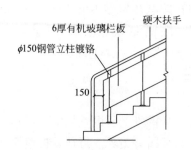

图 5.3-24　混合式栏杆构造（尺寸：mm）

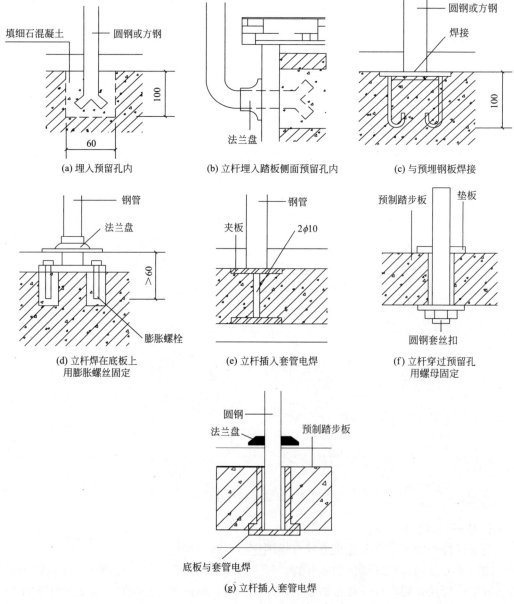

(a) 埋入预留孔内　　　(b) 立杆埋入踏板侧面预留孔内　　　(c) 与预埋钢板焊接

(d) 立杆焊在底板上　　(e) 立杆插入套管电焊　　(f) 立杆穿过预留孔
　用膨胀螺丝固定　　　　　　　　　　　　　　　　用螺母固定

(g) 立杆插入套管电焊

图 5.3-25　栏杆与踏步的连接

3. 楼梯转折处扶手处理

将平台处栏杆前伸半个踏步距离，可顺当连接；当上下行楼梯的第一个踏步口平齐时，两端扶手需伸延一段再连接或做成"鹤颈"扶手；因"鹤颈"扶手制作麻烦，也可改用直线转折的硬接方法；当上下梯段错开一步时，扶手在转折处不需要向平台延伸可自然断开连接；当上下行的楼梯段的第一个踏步相互错开，扶手可顺当连接（图 5.3-26）。

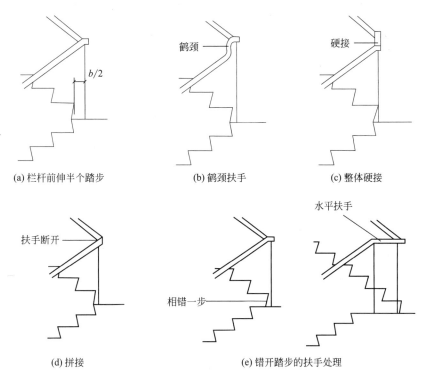

(a) 栏杆前伸半个踏步　　　　(b) 鹤颈扶手　　　　(c) 整体硬接

(d) 拼接　　　　　　(e) 错开踏步的扶手处理

图 5.3-26　梯段转折处栏杆扶手处理

5.4　室外台阶和坡道

1. 室外台阶尺度

室外台阶的踏步比室内楼梯踏步坡度小，踏步的高度为 100～150mm，宽度为 300～350mm。在台阶与出入口大门之间，需设一缓冲平台，作为室内外空间的过度。平台的深度一般不应小于 1000mm（图 5.4-1）。

2. 台阶构造

室外台阶常用的做法有混凝土台阶、石砌台阶、钢筋混凝土架空台阶以及换土地基台阶。

室外台阶
和坡道

混凝土台阶依次有面层、C20 混凝土、80 厚碎石、素土组成；石砌台阶依次有石料、1：3：6 三合土、素土组成；钢筋混凝土架空台阶依次由面层、钢筋混凝土踏步、踏步斜梁组成；换土地基台阶有面层、片石、砂加石换土垫层组成（图 5.4-2）。

公共建筑室内外台阶踏步宽度不宜小于 0.3m，踏步高度不宜大于 0.15m，且不宜小于 0.1m；踏步应采取防滑措施；室内台阶踏步数不宜少于 2 级，当高差不足 2 级时，宜

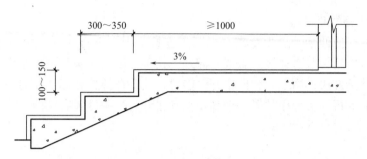

图 5.4-1 台阶尺度（尺寸：mm）

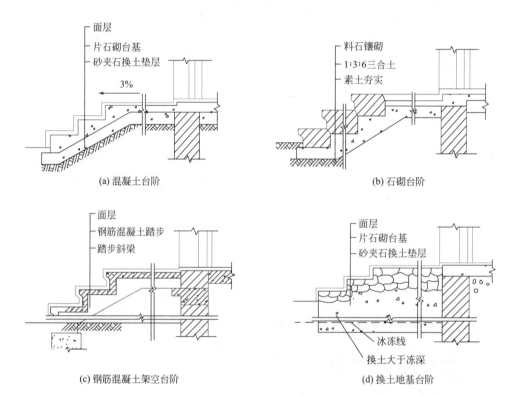

(a) 混凝土台阶

(b) 石砌台阶

(c) 钢筋混凝土架空台阶

(d) 换土地基台阶

图 5.4-2 台阶构造

图 5.4-3 台阶

按坡道设置；台阶总高度超过 0.7m 时，应在临空面采取防护设施（图 5.4-3）。

3. 坡道的构造做法（图 5.4-4）

坡道的坡度用高度与长度之比来表示，一般为 1：8～1：12。室内坡道坡度不宜大于 1：8，室外坡道坡度不宜大于 1：10。

（1）坡道设置应符合下列规定：

1）室内坡道坡度不宜大于 1：8，室外坡道坡度不宜大于 1：10，无障碍坡道的坡度为 1：12；

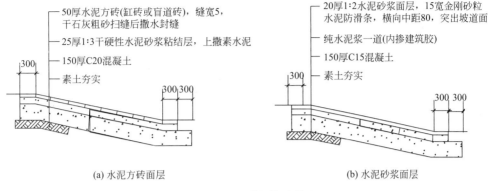

- 50厚水泥方砖(缸砖或盲道砖),缝宽5,
  干石灰粗砂扫缝后撒水封缝
- 25厚1:3干硬性水泥砂浆粘结层,上撒素水泥
- 150厚C20混凝土
- 素土夯实

300
300 300

(a) 水泥方砖面层

- 20厚1:2水泥砂浆面层,15宽金刚砂粒
  水泥防滑条,横向中距80,突出坡道面
- 纯水泥浆一道(内掺建筑胶)
- 150厚C15混凝土
- 素土夯实

300
300 300

(b) 水泥砂浆面层

图 5.4-4 坡道的构造做法

2）当室内坡道水平投影长度超过 15.0m 时，宜设休息平台，平台宽度应根据使用功能或设备尺寸所需缓冲空间而定；

3）坡道应采取防滑措施；

4）当坡道总高度超过 0.7m 时，应在临空面采取防护措施；

5）供轮椅使用的坡道应符合现行国家标准《无障碍设计规范》GB 50763—2012 的有关规定；

6）机动车和非机动车使用的坡道应符合现行行业标准《车库建筑设计规范》JGJ 100—2015 的有关规定；

7）坡道的构造与地面相似，为保证人和车辆的安全，可将坡道做成锯齿形或设防滑条。

（2）无障碍坡道设计应符合下列规定：

1）建筑的入口、室内走道及室外人行通道的地面有高低差和有台阶时，必须设符合轮椅通行的坡道，在坡道和两级台阶以上的两侧应设扶手（图 5.4-5）。

2）供轮椅通行的坡道应设计成直线形，不应设计成弧线形和螺旋形。按照地面的高差程度，坡道可分为单跑式、双跑式和多跑式坡道。

3）双跑式和多跑式坡道休息平台的深度不应小于 1.50m。在坡道起点及终点应留有深度不小于 1.50m 的轮椅缓冲地带。

图 5.4-5 坡道

4）建筑入口的坡道宽度不应小于 1.20m，室内走道的坡道宽度不应小于 1.00m，室外通路的坡道宽度不应小于 1.50m。

5）建筑入口及室内坡道的坡度不应大于 1/12，室外人行通路坡道的坡度不应大于 1/16。

（3）坡道防滑措施有如下做法：

1）使用防滑材料。坡道施工时，使用具有防滑效果的建筑材料，如环氧树脂添加石英砂等。

2）安装防滑条。采取在坡道上面安装防滑条，防滑条的类型一般有金属、橡胶等，不过防滑条容易遭到损毁。

3）开凿防滑槽。在坡道上开凿出防滑凹槽，但为了保证坡道的防滑效果，可能需要经常对凹槽进行维护工作。

4）防滑贴。在坡道上每隔一小段距离就装上几片防滑贴，既具有指示方向的作用，防滑效果也是杠杠的。

5）地面打磨。通过对坡道的地面进行打磨，增加地面的摩擦系数，从而增加坡道的防滑能力，不过打磨地面会损伤坡道。

6）防滑纹路。在坡道表面添加防滑纹路，无论是拉纹或者压纹，注意纹路的深度和间距，尽量做到美观。

思考题

1. 楼梯的类型有哪些？哪些楼梯不宜用于疏散？
2. 楼梯间有哪些类型，分别有哪些设置要求？
3. 设计楼梯扶手高度时应考虑哪些因素？
4. 楼梯设计时要考虑的尺寸有哪些？
5. 哪些构造做法可以提高楼梯使用时的安全性？
6. 无障碍楼梯与普通楼梯在设计上的区别是什么？
7. 无障碍坡度在设计时要符合哪些规定？

设计题

设计并绘制如下图所示民用建筑楼梯，建筑室内外高差450mm，层高3m，共3层，要求绘制楼梯平面图、剖面图，比例为1∶50。

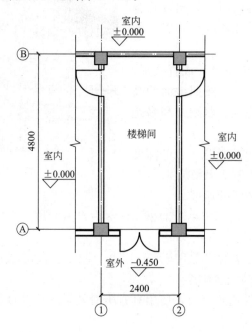

第6章 屋顶

学习要点

本章主要了解建筑屋顶的类型、作用和要求；掌握平屋顶的组成、特点和排水组织方法；熟练掌握平屋顶的防水、泛水构造方法和保温与隔热措施；了解坡屋顶的类型、组成、特点，以及屋顶承重结构的布置；熟练掌握坡屋顶的坡面组织方法、屋面防水、泛水构造和保温与隔热措施。

6.1 概述

6.1.1 屋顶的作用

屋顶由屋面面层和承重结构共同组成。包括檐口、女儿墙、泛水、天
沟、落水口、出屋面管道、屋脊等。

屋顶概述

屋顶的主要作用包括结构、防水、保温隔热、美观等。

1. 结构要求

屋顶要承受上部荷载，包括风、雨、雪荷载和屋顶自重，若为上人屋顶，还需承受人和家具等活荷载，并使它们通过墙、梁、柱传递到基础，共同构成建筑的受力骨架。屋顶作为承重构件，应有足够的强度和刚度，以保证房屋的结构安全，同时不允许过大的结构变形，否则易造成屋面渗漏。

2. 防水要求

作为围护结构，屋顶构造设计的主要任务就是解决防水问题。屋面积水后应通过屋面设置的排水坡度、排水设备尽快将雨水排出；同时应通过设置防水材料使屋面具有一定的抗渗能力，避免造成雨水渗漏。

3. 保温隔热要求

寒冷地区的冬季，气温寒冷，室内一般需要采暖；炎热地区的夏季，气温高、湿度大、天气闷热，因此高标准建筑围护结构应具有良好的热工性能；屋顶应有良好的保温及隔热性能，以保持室内温度相对稳定。

屋顶的保温，通常使采用导热系数小的材料，组织室内热量由屋顶流失；屋顶的隔热则通常靠设置通风间层，利用风压及热压差带走部分辐射热，或采用隔热性能好的材料减少由屋顶传入室内的热量。

4. 美观要求

屋顶的设计应兼顾技术和艺术两大方面，作为建筑外部形体的重要组成部分，其形式、材料、颜色、构造均应是设计重点，对建筑物的造型和特征具有很大的影响。

5. 其他作用

随着社会的进步及建筑技术的发展，建筑屋顶在生态节能方面有了一定创新，如种植屋面，在美化环境的同时有效地增加屋面的隔热功能。

6.1.2 屋顶的类型与基本构造层次

1. 屋顶的类型

按屋顶的材料分类，可分为瓦屋顶、钢筋混凝土屋顶、金属屋顶、玻璃屋顶等；

按屋顶的外形和结构形式分类，可分为平屋顶、坡屋顶和特殊形式的屋顶（壳体结构、拱结构、悬索结构、网架结构、折板结构等（图6.1-1）。

图6.1-1 各种结构形式的屋顶

2. 屋顶构造层次

屋顶的构造层次除结构层外，还包括找平层、结合层、防水层、保温层、隔气层、保护层等（图6.1-2），应因地制宜，根据具体建筑所处地区、施工条件、功能需求、所用材料的不同，选择相对应的构造层次及做法。

6.1.3 屋顶的坡度

屋面按照坡度大小可分为坡屋面和平屋面。

屋顶的坡度首先取决于建筑所处地区的环境，以我国为例，南方地区年降雨量较大，传统民居以坡屋顶为主，屋面坡度较大，以利于屋面雨水最快速便捷地排出；北方地区年降雨量较小，传统民居屋面与南方相比坡度较为平缓。同时屋面坡度也取决于屋面防水材料性能，随着技术的进步，新型材料的防水性能越来越好，现代建筑在选择屋顶形式时更多出于满足造型的需求。

屋面的坡度表示方法分为角度法、斜率法、百分比法。角度法用屋面与平面的夹角表示坡度，常用于坡屋顶，表示方法如 $\alpha = 30°$、$45°$。斜率法以屋顶高度与坡面水平投影长度之比表示坡度，平坡屋顶皆可表达，表达方法如 $H:L=1:3$、$1:30$。百分比法用屋顶高度与坡面水平投影长度的百分比表达坡度，主要用于平屋顶，表达方法如 $i=1\%$、$i=3\%$ 等（图 6.1-3）。

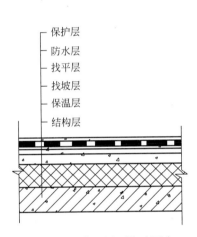

图 6.1-2 常见屋顶构造层次

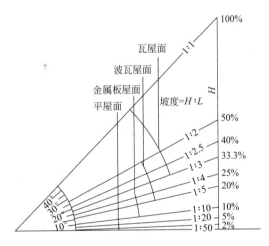

图 6.1-3 常见屋面坡度范围

6.2 平屋顶

平屋顶易于协调统一建筑与结构的关系，造价合理，是最常见的屋顶形式。平屋顶既是承重构件，又是围护结构。平屋顶也有一定的排水坡度，一般把坡度在 $2\%\sim5\%$ 的屋顶称为平屋顶。

平屋顶

6.2.1 平屋顶坡度的形成

平屋顶（图 6.2-1）的坡度主要由材料找坡和结构找坡形成。

1. 材料找坡

材料找坡［图 6.2-2（a）］也称为垫置坡度。这种做法的屋面板水平搁置，其上用轻质材料垫置起坡，形成屋面板上厚度有变化的找坡层，形

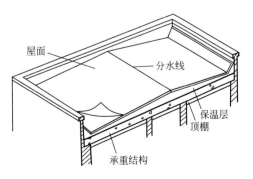

图 6.2-1 平屋顶的组成

成屋面坡度。常见的找坡材料有水泥焦砟、石灰炉渣等。由于找坡材料的强度和平整度均较低，因此其上会加设水泥砂浆找平层。采用材料找坡的建筑，室内可获得水平顶棚面，但找坡层会加大结构荷载，当建筑跨度较大时尤为明显。因此材料找坡更适用于跨度不大的平屋顶，坡度宜为2%左右。

2. 结构找坡

结构找坡［图6.2-2（b）］也称为搁置找坡，这种做法是由倾斜的屋面板形成坡度，形成所需的排水坡度，屋面板以上各层厚度不变化。结构找坡构造和工艺简单，用料少，不足之处在于顶棚是倾斜的，因此结构找坡常用于对室内美观要求不高或设有吊顶的建筑。结构找坡没有找坡材料的荷载限制，更适用于跨度较大的建筑中，单坡跨度大于9m的屋面宜做结构找坡，坡度不应小于3%。

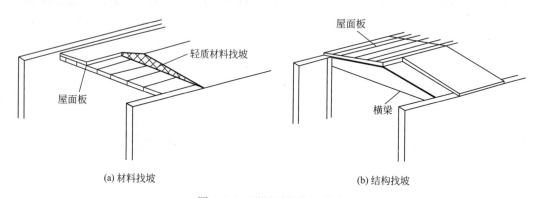

(a) 材料找坡   (b) 结构找坡

图6.2-2 平屋顶的找坡形式

6.2.2 平屋顶有组织外排水

平屋顶有组织排水可分为内排水和外排水两种形式。有组织内排水的水落管设于室内，构造较复杂，相对不易维修，常用于高层建筑和屋面面积较大的多层建筑，严寒地区为防止排水管冬季结冰也应采用内排水处理。有组织外排水构造简单，应用广泛，一般多层建筑多采用有组织外排水方式，即屋面雨水通过设置于室外的水落管直接排至室外。

有组织排水是通过排水系统设计，将屋面积水有组织地排至地面。将屋面划分为若干排水分区，使雨水有组织地排到檐沟中，再由雨水口经过水斗、水落管排至室外，最后排往城市地下管网系统，因此有组织排水宜采用雨水收集系统。

1. 平屋顶有组织外排水常用形式

外排水通常有挑檐沟外排水和女儿墙外排水两种类型。

挑檐沟外排水［图6.2-3（a）、（b）、（c）］是使屋面的雨水直接流入挑檐沟内，再由沟内纵坡导入雨水口流入水落管。挑檐沟一般挑出墙外，可采用钢筋混凝土制作，也可用挑梁支承檐沟。此类型构造排水通畅，但施工较为麻烦，设计时檐沟的高度可参考建筑体型而定。房屋周围外墙高于屋面时形成女儿墙，女儿墙挑檐沟外排水是在女儿墙与屋面交接处做坡度1%的纵坡，雨水顺坡流至雨水口排出女儿墙；或流至弯管式雨水口，再由墙外水落管排出。此类型构造施工较为简单、造价低、建筑体型简洁，是日常常用的类型。

在有女儿墙的檐口，檐沟也可设于外墙内侧，形成女儿墙外排水［图6.2-3（d）］，并在女儿墙上每隔一段距离设雨水口，檐沟内的水经雨水口流入落水管。

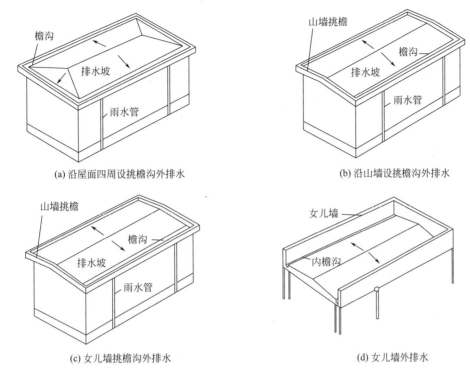

(a) 沿屋面四周设挑檐沟外排水   (b) 沿山墙设挑檐沟外排水

(c) 女儿墙挑檐沟外排水   (d) 女儿墙外排水

图 6.2-3 平屋顶有组织外排水方案

2. 平屋顶有组织外排水构造设计

采用有组织外排水时应根据排水区域确定屋面排水线路，排水线路应合理，做到简短快捷，水落管负荷均匀，设计中应注意以下事项：

（1）屋面流水线路不宜过长，屋面宽度较小时采用单坡排水，超过 12m 时宜采用双坡或四坡排水。

（2）每根水落管的汇水面积应按屋面水平投影 150～200m² 设置，每个汇水面积内排水立管不宜少于 2 根。

（3）当高处屋面面积小于 100m² 时，可将高处屋面雨水直接排到低处屋面，但出水口要有保护措施，以防止雨水冲刷破坏屋面，当高处屋面面积大于 100m² 时，应自成排水系统。

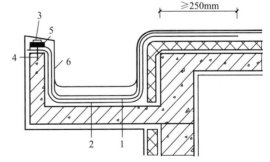

（4）檐沟、天沟的作用是汇集屋面的雨水，一般净宽不应小于 300mm，沟内纵向坡度不应小于 1%，分水线处最小深度不应小于 100mm；沟底水落差不得超过 200mm；檐沟、天沟排水不得流经变形缝和防火墙（图 6.2-4）。

1—防水层 2—附加层 3—密封材料
4—水泥钉 5—金属压条 6—保护层
图 6.2-4 挑檐沟外排水构造

（5）檐口卷材收头处通常在檐沟边沿采用水泥钉压条将卷材固定好，并用油膏或防水水泥砂浆盖缝。檐沟内应加铺 1～2 层附加卷材以增加防水效果；同时为防止卷材断裂，转角部位找平层做圆弧或45°斜面处理。沟壁外口底部做滴水槽,防止雨水顺沟底流至外墙面。

(6)雨水口(图6.2-5)周边500mm范围内坡度不小于5%,并用厚度不小于2mm的防水膜封涂。为防止雨水口周边渗水,应将防水卷材铺入连接管内50mm,雨水口周边与基层连接处用油膏嵌缝。为防止杂物堆积阻塞排水,常在雨水口处设置算子或钢丝球等。

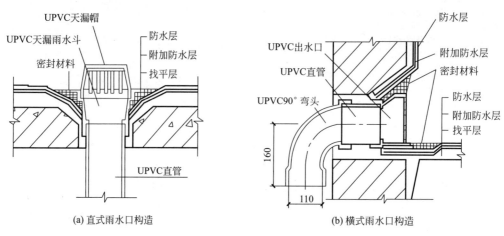

(a)直式雨水口构造　　　　　　　　(b)横式雨水口构造

图6.2-5　雨水口构造(尺寸:mm)

(7)水落管常采用塑料、镀锌钢板或铸铁制成,管径有75mm、100mm、125mm等多种规格,民用建筑常用管直径为75~100mm的水落管。有外檐天沟时,水落管间距不宜大于24m,无外檐天沟时不宜大于15m。安装水落管时,与墙体间距不宜小于20mm,管身用管箍卡牢,管箍竖向间距不宜大于1.2m。

6.2.3　卷材防水屋面

卷材防水屋面是用防水卷材与胶粘剂结合在一起形成连续致密的构造层,达到防水的目的。卷材防水屋面较能适应温度、振动、不均匀沉陷因素的变化作用,具有一定的延伸性、整体性好、不易渗漏。

1.防水卷材材料

防水卷材常见的材料有高聚物改性沥青防水卷材和合成高分子防水卷材。卷材品种的选择应该根据当地历年最高和最低温度、屋面坡度和使用条件等因素选择与延伸性能相适应的卷材。

(1)高聚物改性沥青防水卷材

高聚物改性沥青防水卷材特点是有较好的低温柔性和延伸率,防水使用年限可达15年。高聚物改性沥青防水卷材是以高分子聚合物改性沥青为涂盖层,纤维织物或纤维毡为胎体,粉状、粒状、片状或薄膜材料为覆盖材料制成的可卷曲的片状防水材料。如再生胶改性沥青聚酯胎卷材、玻璃胎卷材、聚乙烯胎卷材等。

(2)合成高分子防水卷材

合成高分子防水卷材属于高档防水材料,其特点是重量轻、低温柔性好、耐候性能好和适应变形能力强,防水年限最高可达25年,近年来逐渐在国内得到推广应用。合成高分子防水卷材包括以各种合成橡胶或合成树脂或二者的混合物为主要原材料，加入适量化学助剂和填充料加工制成的弹性或弹塑性卷材，常见的有三元乙丙橡胶防水卷材、氯化聚乙烯防水卷材、氯丁橡胶防水卷材、再生胶防水卷材、聚乙烯橡胶防水卷材、丙烯酸树脂卷材等。

（3）卷材胶粘剂

卷材胶粘剂主要为各种与卷材配套使用的溶剂型胶粘剂。如适用于改性沥青防水材料的 RA-86 型氯丁橡胶胶粘剂，SBS 改性沥青胶粘剂等；适用于高分子防水卷材氯化聚乙烯橡胶卷材的胶粘剂 LYX-603、CX-404 等。

2. 卷材防水屋面构造

卷材防水屋面构造层次有结构层、找平层、结合层、防水层、保护层等（图 6.2-6）。

（1）结构层

屋面结构层多为钢筋混凝土屋面板，可以是现浇板或预制板。因防水防渗要求，屋面需要接缝少、整体性强、抗震效果好，因此大多数时候都采用现浇式屋面板；当采用装配式钢筋混凝土板时，应采用掺入微膨胀剂的细石混凝土灌缝，其强度不应小于 C20。当屋面板缝大于 40mm 或上窄下宽时，板缝内应设构造钢筋。

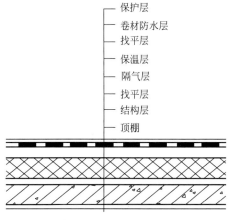

图 6.2-6 卷材防水屋面构造层次

（2）找平层

找平层的作用是使屋面基层平整，卷材防水层应铺贴在坚固而平整的基层上，使排水顺畅无积水。找平层排水坡度一般为 2‰～3‰，檐沟处为 1‰。找平层一般采用 20mm 厚 1∶3 水泥砂浆，也可采用 1∶8 沥青砂浆等。找平层宜留分格缝，缝宽一般为 5～20mm，纵横间距一般不大于 6mm；屋面板为预制时，分隔缝应设在预制板的端缝处。

（3）结合层

结合层的作用是在基层与卷材之间形成一层胶质薄膜，使卷材与基层胶结牢固。沥青类卷材通常用冷底子油做结合层；高分子卷材则多采用配套基层处理剂，也可采用冷底子油或稀释乳化沥青等。

（4）防水层

屋面防水工程应按我国现行规范《屋面工程技术规范》GB 50345—2012，根据建筑物的类别、使用功能等要求确定防水等级，并应按相应等级进行防水设防。屋面防水等级和设防要求应符合表 6.2-1 的规定。

屋面防水等级与设防要求　　　　　　　　　　　　　　　　　表 6.2-1

防水等级	建筑级别	设防要求
Ⅰ级	重要建筑和高层建筑	两道防水设防
Ⅱ级	一般建筑	一道防水设防

卷材防水层常见的铺贴方法有冷粘法、自粘法和热熔法。冷粘法是在找平层上先后涂刷基层处理剂和胶粘剂，再将卷材铺贴上去。自粘法是在刷基层处理剂的同时利用某些卷

材的自粘性铺贴卷材，并局部用热风加热以保证接缝部位的粘接性。热熔法是用火焰加热器喷火均匀加热卷材至表面有光亮黑色时即可粘合。铺贴卷材时注意平整顺直不扭曲，搭接尺寸准确，并注意排出卷材下面的空气并辊压牢固。厚度小于 3mm 的高聚物改性沥青卷材禁止使用，卷材粘好后还应在接缝口处用 10mm 宽的密封材料封严。以上卷材粘贴方法主要用于高聚物改性沥青防水卷材和合成高分子防水卷材屋面，一般都采用单层铺贴，较少采用双层铺贴。卷材防水层上有重物覆盖或基层可能发生变形、位移时，应优先采用空铺法、点粘法、条粘法或机械固定法等方法铺贴。但距屋面周边 800mm 内以及叠层铺贴的各层卷材之间应满粘，采取满粘法施工时找平层的分格缝处宜空铺，其宽度为100mm。

（5）保护层

保护层（图 6.2-7）是为保护防水层，使卷材在阳光和大气的作用下不致迅速老化，同时防止暴雨对卷材的冲刷。保护层构造做法应根据屋面是否上人情况决定，不上人时，改性沥青卷材防水屋面一般在防水层上撒粒径为 3～5mm 的小石子作为（豆石）保护层，高分子防水卷材屋面通常在卷材面上涂刷水溶型或溶剂型浅色保护着色剂，如氯丁银粉胶等。

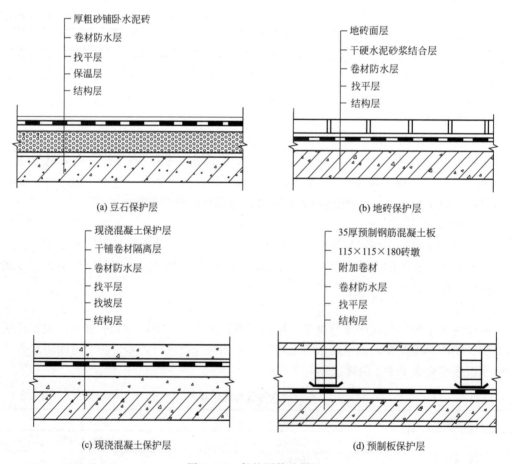

（a）豆石保护层

厚粗砂铺卧水泥砖
卷材防水层
找平层
保温层
结构层

（b）地砖保护层

地砖面层
干硬水泥砂浆结合层
卷材防水层
找平层
结构层

（c）现浇混凝土保护层

现浇混凝土保护层
干铺卷材隔离层
卷材防水层
找平层
找坡层
结构层

（d）预制板保护层

35厚预制钢筋混凝土板
115×115×180砖墩
附加卷材
卷材防水层
找平层
结构层

图 6.2-7　保护层构造做法

上人屋面的保护层构造做法通常在防水层上现浇 30～40mm 的厚细石混凝土，或用沥青砂浆铺贴大阶砖、混凝土板等。此时防水层和结构层之间应做隔离层，可减少因结构变形引起的对防水层的破坏，隔离层一般可采用1：3石灰砂浆或干铺沥青油毡一层，或塑料薄膜一层。当屋面上设有各种设备设施时，设施基座与结构层相连时，设施下部的防水层应加强密封附加增强层，围护设施周围和屋面出入口应铺设刚性保护层作为人行道。当上人屋面作屋顶花园时，水池、花台等构造均应在屋面保护层以上设置。

6.2.4 涂膜防水屋面

涂膜防水屋面是用防水材料涂刷在屋面基层上，利用涂料干燥固化后的不透水性，达到防水目的。涂膜防水屋面具有防水、抗渗、粘结力强、耐腐蚀、抗老化、延伸率大、弹性好、不易燃、施工方便等诸多优点。

1. 防水涂膜材料

（1）高聚物改性沥青防水涂料：以沥青为基料，用合成高分子聚合物进行改性处理后，配置成的水乳型或溶剂型防水涂料，如SBS改性沥青防水涂料。

（2）合成高分子防水涂料：以合成橡胶或合成树脂为主要成膜物质配置成的单组分或多组分的防水涂料，如丙烯酸防水涂料。

（3）胎体增强材料：某些防水涂料需要与胎体增强材料配合，以增强涂层的帖服覆盖能力、抗裂性、防水效果，胎体增强材料有黄麻纤维布和玻璃纤维布两类，目前使用较多的有化纤无纺布、聚酯无纺布等。

2. 涂膜防水屋面构造

（1）找平层：在屋面板上用1：2.5～1：3的水泥砂浆做15～20mm厚的找平层并设分格缝，分格缝应设在屋面板的支承处或结构有可能产生水平位移处，缝宽宜为20mm，其间距不宜大于6mm，应嵌填密封材料。

（2）底涂层：将稀释的涂料均匀涂布于找平层上作为底涂层，干后再刷2～3遍涂料。

（3）中涂层：中涂层为加胎体增强材料的涂层，有干铺和湿铺两种方法。干铺是在已干的底涂层上干铺玻纤网格布，展开后加以点粘固定，当铺过两个纵向搭接缝以后依次涂刷防水涂料2～3遍，待干后按上述做法铺第二层网格布再刷涂料，干后在其表面刮涂增厚涂料。湿铺法是在已干的底涂层上边涂防水涂料边铺贴网格布，干后再刷涂料。

（4）保护层：涂膜防水屋面应设保护层，上人屋面保护层应采用块体材料、细石混凝土等材料，不上人屋面保护层可采用浅色涂料、铝板、矿物粒料、水泥砂浆等材料。采用水泥砂浆或块材时，应在涂膜与保护层之间设置隔离层；水泥砂浆保护层的厚度不宜小于20mm（图6.2-8）。

6.2.5 泛水构造

女儿墙、管道、烟囱（图6.2-9）等伸出屋面的构件，为了防止垂直面与屋面交接处产生渗漏，常将屋面的防水层继续延伸向上翻起做防水处理，称为泛水。泛水高度不宜小于250mm。泛水处的防水构造以卷材满贴为主。在铺贴卷材前应先做好垂直面的抹灰，且抹灰层与找平层在交接处须做圆弧形或钝角形，以保证防水层粘贴牢固。

泛水（图6.2-10）在垂直面的收头应根据泛水高度和泛水墙体材料确定收头密封形式。对于砖砌女儿墙，防水卷材收头可直接铺压在女儿墙压顶下，压顶应做防水处理；也可在墙上留凹槽，卷材收头压入凹槽内固定并增加密封材料进行密实处理，凹槽上部的墙体亦做防水处理。混凝土墙的防水卷材收头可采用金属压条钉压，并用密封材料封固。

　　进出屋面的门下踏步也应做泛水，一般做法是将屋面防水层沿墙向上翻起至门槛踏步下，并覆以踏步盖板。

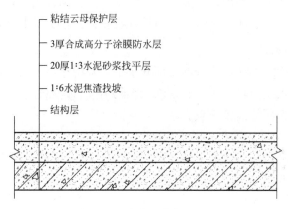

图 6.2-8　涂膜防水构造层次

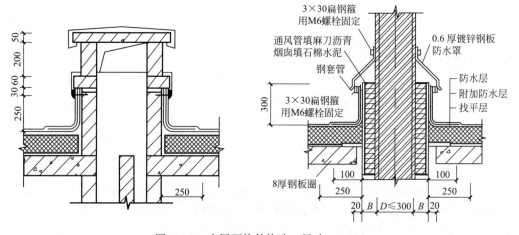

图 6.2-9　出屋面构件构造（尺寸：mm）

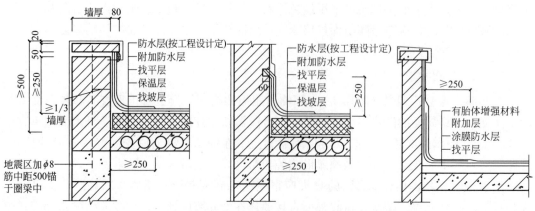

(a) 卷材防水和涂膜防水的泛水构造做法

图 6.2-10　泛水构造（尺寸：mm）（一）

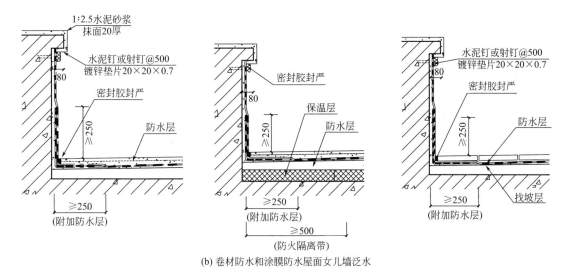

(b) 卷材防水和涂膜防水屋面女儿墙泛水

图 6.2-10 泛水构造（尺寸：mm）（二）

6.3 坡屋顶

坡屋顶

坡屋顶是由承重结构和屋面共同构成的有坡度的屋顶，形式有单坡顶、双坡顶、四坡顶等［图 6.3-1（a）］，坡屋顶的做法根据时序可分为传统型和现代型。中国传统的坡屋顶建造是以屋架、山墙、梁架承重；现在

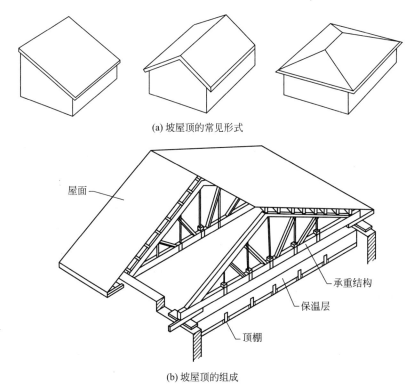

(a) 坡屋顶的常见形式

(b) 坡屋顶的组成

图 6.3-1 坡屋顶的形式与构成

常见的坡屋顶是用支模现浇的钢筋混凝土建造做法。坡屋顶的屋面由一些坡度相同的倾斜面相互交接而成，其坡度随着所采用的结构、铺材以及铺盖方法的变化而变化，一般坡度均大于 1：10 [图 6.3-1（b）]。

6.3.1 坡屋顶承重结构

坡屋顶常见的承重结构有山墙承重、梁架承重、屋架承重等类型。

1. 山墙承重

山墙承重（图 6.3-2）由墙体直接承重，多用于房间开间较小的建筑中。其做法是在山墙上搁檩条，檩条上架椽子后铺屋面板；或在山墙上直接搁钢筋混凝土板，然后铺瓦。山墙承重结构的优点是构造简单、施工方便、造价便宜、隔声性能较好，但对结构限制较大、抗震性差。

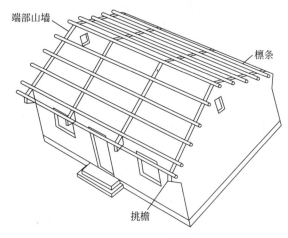

图 6.3-2　山墙承重体系

2. 梁架承重

梁架结构是我国传统的木构架形式，由柱、梁、枋构成，其做法是檩条搁在梁间承受屋面荷载并将各梁架连接形成完整的构架（图 6.3-3），整体性与抗震性较好，但木材消耗大不环保，且防火耐久性较差，因此现代的仿古建筑中常以钢筋混凝土梁柱仿效。

图 6.3-3　我国传统建筑梁架承重体系

3. 屋架承重

屋架结构是由上弦、下弦及腹杆组成的、在同一平面内互相结合形成整体的结构，形式有三角形、梯形、多边形、弧形等，常用形式为三角形（图 6.3-4）。根据跨度不同可用木材、钢材、钢木、钢筋混凝土等材料制作，适用于跨度较大的建筑中，跨度不超过 12m 的建筑可采用全木屋架，不超过 18m 时可采用钢木组合屋架，跨度更大时宜采用钢筋混凝土或钢屋架。

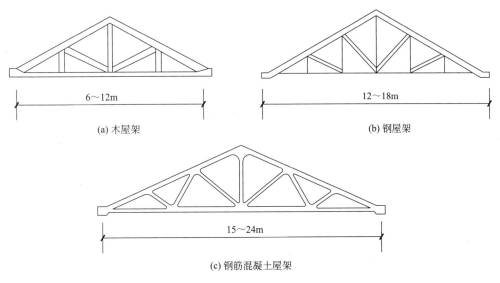

(a) 木屋架　　　　　　　　　　　　　(b) 钢屋架

(c) 钢筋混凝土屋架

图 6.3-4　屋架承重结构类型

6.3.2　坡屋面构造

坡屋顶的屋面由基层及防水层、保温层组成，基层构件包括檩条、椽子、屋面板或钢筋混凝土板等；屋面防水层铺材有平瓦、油毡瓦、金属板材瓦等。屋面基层根据组成方式可分为有檩和无檩两种。无檩体系是指将屋面板直接搁在山墙、屋架或屋面梁上，瓦主要起装饰造型作用，这种做法常见于民用住宅和园林建筑中。

1. 坡屋面基层构件

基层构件包括檩条、椽子、屋面板等。

檩条（图 6.3-5）可用木材、型钢等制作；木檩条跨度一般不大于 4m，截面可为圆形或矩形，需做防腐处理；钢筋混凝土檩条跨度不大于 6m，截面常为矩形、T 形、L 形。钢檩条多采用型钢，适用于跨度更大的空间，常为 Z 形和 C 形等。

椽子垂直于檩条，当檩条间距较大时应设椽子，截面 40mm×60mm 或 50mm×50mm，间距 360～400mm。椽子上铺屋面板或直接挂瓦，椽子下端应整齐以便封檐板。

屋面板可直接钉于檩条之上（檩条间距不大于 800mm 时），屋面板常用杉木或松木，厚度 15～25mm，需在屋面板上铺一层防水卷材考虑防水，除木屋面板外，也可用纤维板、纤维水泥加压板等。

钢筋混凝土屋面板可塑造性强，可做坡面、曲面或多折斜面，在建筑的整体性、防渗漏、抗震防火等方面都有明显优势，但相对造价较高。

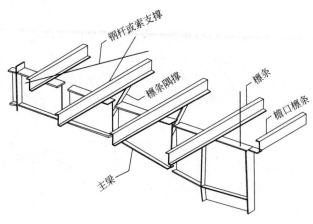

图 6.3-5 钢檩条

2. 坡屋面防水层铺材

（1）防水垫层

防水垫层是指设置在瓦材或金属板材下面，起防水、防潮作用的构造层。防水垫层分为沥青类防水垫层、高分子类防水垫层和复合防水垫层。沥青类包括常用的自粘聚合物沥青防水垫层、聚合物改性沥青防水垫层等；高分子类包括铝箔复合隔热防水垫层、塑料防水垫层等，复合类由防水卷材和防水涂料共同构成。应根据具体坡屋面防水等级要求、瓦类型共同确定需要何种垫层及垫层厚度及搭接宽度。

（2）平瓦屋面

平瓦分为水泥平瓦和黏土平瓦，水泥瓦一般为灰色、黏土瓦一般有青色和红色，平瓦常见尺寸约为 230mm×400mm×20mm。平瓦可铺设在钢筋混凝土或木基层上，屋面坡度不小于 1:2，超过时应固定加强。平瓦铺设方式有水泥砂浆卧瓦、钢挂瓦条挂瓦、木挂瓦条挂瓦（图 6.3-6）等。

冷摊平瓦屋面（图 6.3-7）一般用于不保温的简易建筑上，在椽子上钉 25mm×30mm的挂瓦条挂瓦。建筑造价较低，但屋顶的防渗、隔热、保温性能均较差。

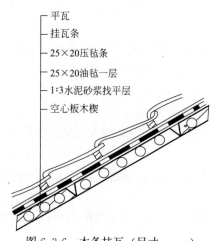

图 6.3-6 木条挂瓦（尺寸：mm）

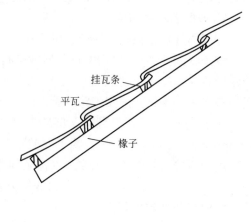

图 6.3-7 冷摊瓦屋面

木屋面板平瓦屋面是在檩条或椽子上铺钉木屋面板，板上平行于屋脊方向先铺防水卷材一层，上钉顺水条，再钉挂瓦条挂瓦，由瓦缝渗进的水可沿顺水条流至檐沟。瓦由檐口铺向屋脊（图 6.3-8），脊瓦应搭盖在两片瓦上不小于 50mm，常用水泥石灰砂浆填实以防止雨雪飘入。

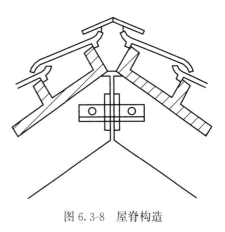

图 6.3-8 屋脊构造

钢筋混凝土面板平瓦屋面常用于办公、学校等较大规模的民用建筑中，其做法是找平层上铺设防水卷材、保温层，再做水泥砂浆卧瓦层，最薄处为 20mm，内配 $\phi6@500mm\times500mm$ 钢筋网，再铺设平瓦；也可在保温层上做细石混凝土找平层，内配 $\phi6@500mm\times500mm$ 钢筋网，再做顺水条、挂瓦条。

（3）油毡瓦屋面

油毡瓦是以玻纤毡为胎基、覆以改性沥青涂层、再用石粉表面隔离保护层的彩色片状屋面防水瓦材，规格一般为 $1000mm\times333mm\times2.8mm$。常用单层和双层铺设，单层更为普遍，一般适用于低层住宅、别墅等建筑，常用屋面坡度 1∶5。

油毡瓦可铺设在钢筋混凝土或木基层上，油毡瓦下应增设有效的防水层，在铺设前应先铺一层卷材，在木基层上应用油毡钉固定，在钢筋混凝土基层上时应用水泥钉固定，铺设方向应自檐口向上，脊瓦应顺年最大频率风向搭接，搭盖宽度每边不应小于 150mm。

（4）金属板材屋面

金属板材屋面是指采用金属板材作为屋盖材料，将结构层和防水层合二为一的屋盖形式。板的形式多种多样，有单板也有复合板。常见的有金属瓦屋面和彩色压型钢板屋面等。

1）金属瓦屋面是用镀锌薄钢板或铝合金瓦做防水层的屋面，其自重轻、防水性能好、使用年限长，主要用于大跨度建筑的屋面。

金属瓦的厚度在 1mm 以内，需钉固在木望板上，为防止雨水渗漏，瓦材下应干铺一层油毡。金属瓦之间的拼缝连接方式通常采用相互交搭卷折成咬口缝，以避免雨水从缝中渗漏。采用铝合金瓦时，支脚和螺钉均应改用铝制品以免产生电化腐蚀。所有金属瓦必须相互连通导电并与避雷针或避雷带连接。

2）彩色压型钢板屋面也称彩板屋面，是近年来广泛应用在大跨度建筑中的高效能屋面，其自重轻、强度高、防水性能好、色彩绚丽质感好，大大增强了建筑的艺术效果。彩板施工安装方便，主要采用螺栓连接，不受季节气候影响。彩板外形现代新颖，除用于平直坡屋面外，还可以根据造型与结构形式的需要在曲面屋顶上使用。

彩色压型钢板屋面分为单层板和保温夹心板两种（图 6.3-9）。单层板截面形式有波形、梯形、带肋梯形等，作屋面时需另外在室内一侧设保温层；保温夹心板是由彩色涂层钢板为表层，自熄性聚苯乙烯泡沫塑料或硬质聚氨酯泡沫作芯材，通过加压加热固化支撑的夹芯板，保温隔热效果好。彩色压型钢板屋面常通过各种螺钉、螺栓或拉铆钉等紧固件连接，固定在檩条上。其横向连接方式有搭接式和咬接式。

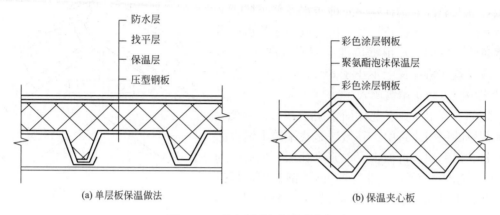

图 6.3-9 彩色压型钢板及其保温

3. 坡屋面细部构造

（1）檐口构造

坡屋顶的檐口一般分为挑檐和包檐，挑檐即将檐口挑出墙外，做成露檐头或封檐头形式；挑檐构造包括砖砌挑檐、木挑檐口、钢筋混凝土板挑檐口等类型（图 6.3-10）。包檐则是将檐口与墙齐平或用女儿墙将檐口封住。

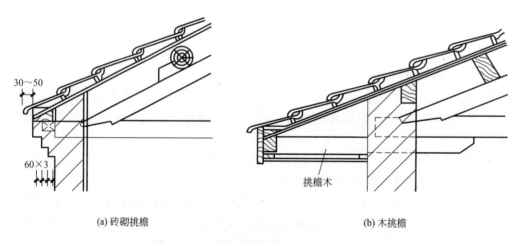

图 6.3-10 坡屋顶挑檐构造（尺寸：mm）

（2）泛水构造

1）屋面与女儿墙相交处：用镀锌薄钢板做通长的泛水，下端搭盖在瓦上，上端折转嵌入砖缝内，折转高度不小于150mm，每隔约300mm用钉固定（图 6.3-11）。

2）悬山顶建筑的山墙面屋顶部分悬在山墙之外（图 6.3-12）。

3）硬山顶建筑的山墙侧屋与山墙是齐平的（图 6.3-13）。

4. 坡屋面排水

坡屋面排水可分为无组织排水和有组织排水。

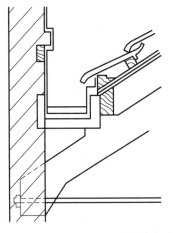

图 6.3-11 坡屋顶女儿墙包檐构造

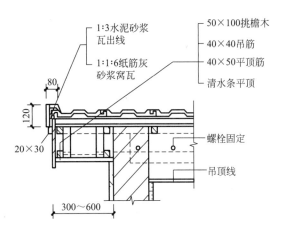

图 6.3-12 悬山泛水构造（尺寸：mm）

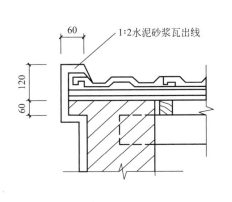

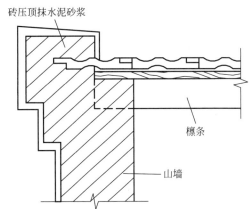

图 6.3-13 硬山泛水构造（尺寸：mm）

坡屋面无组织排水（图 6.3-14）无导水装置，雨水顺檐口自由下落，低层建筑及檐高小于 10m 的屋面，可采用无组织排水。为防止无组织排水屋面排水时淋湿墙面，一般檐口出挑较大，常采用预制钢筋混凝土挑檐板，并伸入房屋一定长度以平衡出挑部分重量；直接出挑时，出挑长度不宜大。檐口下应设滴水、披水板等。

坡屋面有组织排水（图 6.3-15）分为坡屋面檐沟外排水与女儿墙外排水。坡屋面檐沟外排水是檐沟悬挂在坡屋顶挑檐处，此时檐沟的纵坡一般由檐沟斜挂而成，不宜在坡内垫置材料起坡。女儿墙外排水是将女儿墙与屋面交接处形成纵坡，让雨水沿此纵坡流向弯管式水落口，再流入墙外水落管。

檐沟（图 6.3-16）：坡屋顶在屋檐处设檐沟，常用镀锌薄钢板、玻璃钢及塑料制成，也可采用钢筋混凝土屋面板出檐做成钢筋混凝土檐沟。檐沟应有不小于 1％ 的纵坡通向雨水管。

天沟与斜天沟（图 6.3-17）：坡屋面中两个斜面相交的阴角处做天沟或斜天沟，一般用镀锌薄钢板或彩色钢板制成，两边各伸入瓦底 100mm，并卷起包在瓦下的木条处，沟的净宽应在 220mm 以上。

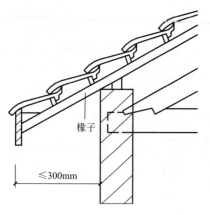

图 6.3-14 坡屋顶无组织排水

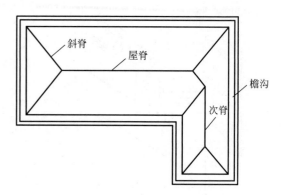

图 6.3-15 坡屋顶有组织排水

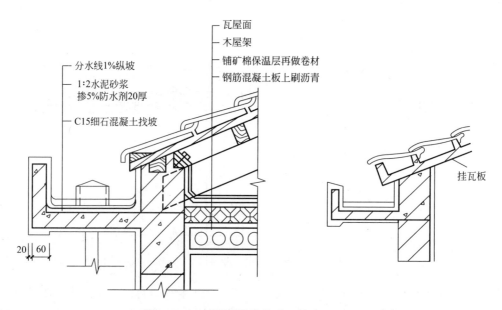

图 6.3-16 坡屋顶挑檐构造（尺寸：mm）

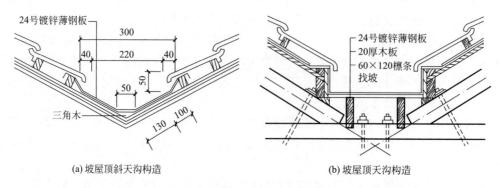

(a) 坡屋顶斜天沟构造   (b) 坡屋顶天沟构造

图 6.3-17 坡屋顶天沟、斜天沟构造（尺寸：mm）

6.4　屋面保温隔热构造

屋面保温
隔热构造

6.4.1　屋面保温构造

屋顶是建筑物围护结构中受太阳辐射最剧烈的部位，顶层房间通过屋顶失热的比重较大。屋顶保温性能欠佳，是顶层房间冬季室内热舒适性差、采暖能耗大的主要原因。为防止室内热量损失，有效地改善顶层房间室内热环境，减少通过屋面散失的能耗，屋顶应设计成保温屋面。根据结构层、防水层、保温层所处位置不同，屋顶保温构造大致有以下几种做法。

1. 保温材料

保温层应根据屋面所需传热系数或热阻选择吸水率低、密度和导热系数小，并有一定强度的保温材料，一般为轻质、疏松、多孔或纤维等材料，其密度不大于 $10kg/m^3$，导热系数不大于 $0.25W/(m \cdot K)$。按其成分可分为无机材料和有机材料两种，有机纤维材料的保温性能一般较无级板材为好，但耐久性较差，只在通风条件良好、不易腐烂的情况下使用才较为适宜。按其形状可分为以下三种类型：

（1）纤维材料保温层：常用的有矿渣棉制品、岩棉、玻璃棉制品等。

（2）板状保温材料保温层：如加气混凝土板、泡沫混凝土板、膨胀珍珠岩版、膨胀蛭石板、矿棉板等。

（3）整体保温材料保温层：通常用水泥或沥青等胶结材料与松散保温材料拌和，整体浇筑在需保温的部位，如沥青膨胀珍珠岩、水泥膨胀蛭石、聚苯颗粒砂浆等，其中现浇泡沫混凝土喷涂硬泡聚氨酯效果较好。

各类保温材料的选用应结合材料来源、工程造价、铺设部位、性能等因素加以综合考虑。

2. 保温构造

按保温层的位置，屋面保温构造形式可分为正置式保温屋面和倒置式保温屋面两种做法。

（1）正置式保温屋面（图 6.4-1）：是传统平屋顶保温构造的做法，将保温层放在结构层之上，防水层之下，形成多种材料和构造层次结合的封闭保温做法，这种做法也叫作内置式保温。

正置式保温对保温层要求较高，冬天由于室内温度高于室外，热气流连带水蒸气从内向外渗透，使保温层内部产生冷凝水，使保温材料受潮降低保温效果；同时积存在保温材料中的水分遇热也会转化为蒸汽而膨胀，引起卷材防水层起鼓，因此应在保温层下设隔气层。隔气层应沿墙面向上铺设并与屋面的防水层相连，形成全封闭的整体。若施工中保温材料或找平层未干透就铺设防水层，保温层中的水气无法排出，因此应在保温层中设排气道，道内填塞大粒径炉渣，即可让水蒸气在其中流动又可保证防水层的坚实牢靠。找平层相应位置也应留槽作排气道并在其上铺卷材，排气道应纵横贯通整个屋面并与排气孔相通。排气孔的数量应根据具体基层潮湿情况而定，一般每 $36m^2$ 设置一个。同时，保温材料的强度一般较低，表面也不够平整，因此其上需经找平后才便于铺贴防水卷材，找平层材料常用沥青砂浆。

（2）倒置式保温屋面（图 6.4-2）：则是将保温层放在防水层上，成为敞露的保温层，因此也被叫作外置式保温。

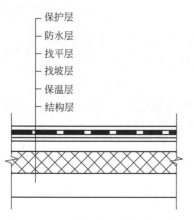

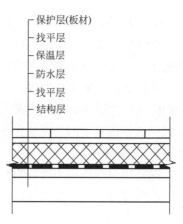

图 6.4-1　正置式保温屋面构造层　　　　　　图 6.4-2　倒置式保温屋面构造层

倒置式保温屋顶 20 世纪 60 年代开始在德国和美国出现，其优点是使保温层对防水层起到保护和屏蔽的作用，使之既可以保护防水层免受太阳光暴晒，又可以使防水层避免受到来自外界的机械损伤，如磨损、冲击、穿刺等。倒置式保温屋面坡度不宜大于 3%（图 6.4-3）。

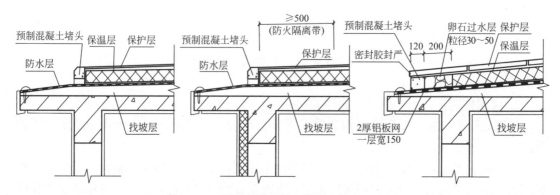

图 6.4-3　倒置式屋面檐口挑檐（尺寸：mm）

但同时他对材料的要求较高，需采用吸水率小、长期浸水不腐烂，耐候性强，不易老化的憎水材料。目前采用较多的材料有闭孔泡沫玻璃，聚苯乙烯泡沫塑料板，聚氨酯泡沫塑料板等。保温层上应铺设保护层，以防止保温层破损，同时延缓其老化，保护层应有一定重量足以压实保温层，使之不致在下雨时浮起，如细石混凝土板。倒置式保温屋面因其保温材料价格较高，一般适用于高标准建筑的保温层面。

6.4.2　屋面隔热构造

屋顶是建筑物围护结构中受太阳辐射最剧烈的部位，从屋顶传入室内的热量远比从墙体传入的热量要多，造成顶层室内热环境差，影响人们的生活和工作，应当采取适当的构造措施解决屋面隔热与降温问题，因此屋面隔热构造设计非常重要。

屋顶隔热的基本原理是减少直接作用于屋面的太阳辐射能量。所采用的构造做法主要有：间层通风隔热、蓄水隔热、种植隔热、浅色屋顶反射隔热等。

1. 通风架空隔热屋面

通风隔热就是在屋顶设置架空通风间层（图 6.4-4），使其上层表面遮挡阳光辐射，同时利用风压和热压作用将间层中的热空气不断带走，使通过屋面板传入室内的热量大为减少，达到隔热降温的目的。一般做法以砖、混凝土块作为垫层，上铺混凝土薄板等材料。

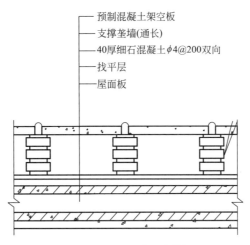

图 6.4-4 屋面架空隔热

架空通风隔热间层设于屋面防水层上，架空层内的空气可以自由流通，采用架空屋面作隔热层时应保证空气间层有无阻滞的通风进出口。屋面的隔热措施还可采用浅色饰面、设置封闭空气间层或带铝箔的空气间层。当为单面铝箔空气间层时，铝箔宜设在温度较高的一侧。

架空层的净空高度应随屋面宽度和坡度的大小而变化：屋面宽度和坡度越大，净空越高，但不宜超过 400mm，否则架空层内的风速反而会变小影响降温效果。架空层的净空高度一般为 250～400mm，架空板距女儿墙的距离不应小于 250mm，当屋面宽度大于10m 时，应在屋脊处设置通风桥以改善通风效果。当采用混凝土板架空隔热层时，屋面坡度不宜大于 5%。

为保证架空层内的空气流通顺畅，其周边应留设一定量的通风孔。隔热板的支承物可以做成砖拱墙式的，也可以是砖墩式。架空隔热间层在南方是传统屋顶隔热构造做法，但不宜在寒冷北方地区采用。架空层的进风口宜设置在当地炎热季节最大频率风向的正压区，出风口宜设置在负压区（图 6.4-5）。

2. 蓄水隔热屋面

蓄水屋面是在利用平屋顶蓄积一定深度的水层达到降温隔热的目的，其原理为：在太阳辐射和室外气温的综合作用下，水能吸收大量的热而由液体蒸发为气体，从而将热量散发到空气中，减少屋顶吸收的热量；水面还能反射阳光，减少阳光辐射对屋面的热作用，同时水层在冬季还有一定保温作用。此外，蓄水屋面使混凝土屋面长期养护于水下，减少由于温度变化引起的开裂和延缓混凝土的钙化，延长使用年限。在我国南方地区，蓄水屋面对于建筑的防暑降温和提高屋面的防水质量起到很好的作用，但这种构造做法不宜在寒冷的地区、地震区和振动较大的建筑物上使用，否则会由于屋面的裂缝造成渗漏。

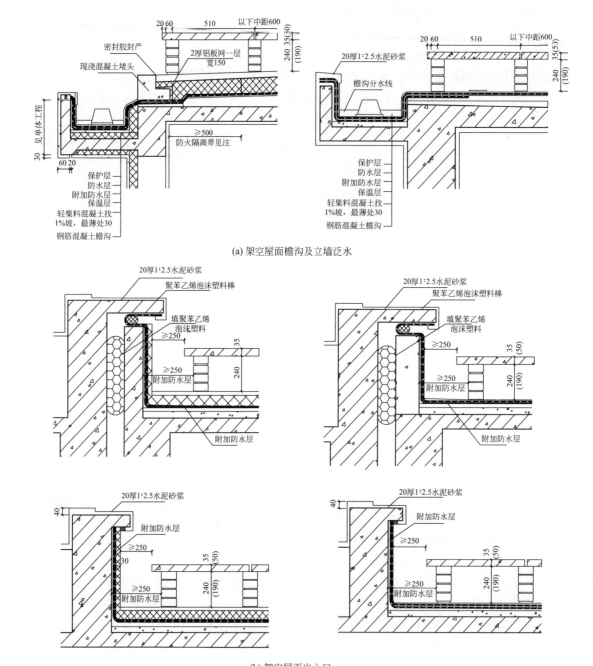

(a) 架空屋面檐沟及立墙泛水

(b) 架空屋面出入口

图 6.4-5　屋面架空层细部构造做法（尺寸：mm）

　　过浅的蓄水层夏季容易晒干不便于管理，过深的蓄水层会加大屋面荷载，因此比较适宜的水层深度为 150～200mm。为保证屋面蓄水深度的均匀，屋面的坡度不宜大于 0.5%。蓄水屋面既可以用于刚性防水屋面，也可用于卷材防水屋面。采用刚性防水层时也应按规定做好分隔缝，防水层做好后应及时养护，蓄水后不得断水。采用卷材防水层时，做法与前述卷材防水屋面相同，并应避免潮湿条件下施工。

为便于分区检修和避免水层产生过大的风浪，蓄水屋面应划分为若干蓄水区，每区的边长不宜超过10m。蓄水区间用混凝土做成分仓壁，壁上留过水孔使各蓄水区的水层连通，但在变形缝的两侧应设计成互不连通的蓄水区。当蓄水屋面的长度超过40m时，应做横向伸缩缝一道。蓄水屋面四周可做女儿墙并兼作蓄水池的仓壁，在女儿墙上应将屋面防水层延伸到墙面形成泛水，泛水高度应高出溢水孔100mm。若从防水层面起算，泛水高度刚好为水层深度与100mm之和，即250～300mm。为避免暴雨时蓄水深度过大，应在蓄水池外壁均匀布置若干溢水孔，通常每开间约设一个，以使多余的雨水溢出屋面。为便于检修时排出蓄水，应在池壁根部设泄水孔，每开间约设一个。泄水孔和溢水孔均应与排水檐沟或水落管连通（图6.4-6）。蓄水屋面一般还应设给水管以保证水源的稳定。所有的给排水管、溢水管、泄水管均应在做防水层之前装好，并用油膏等防水材料妥善嵌填接缝。

3. 种植隔热屋面

种植屋面（图6.4-7）是利用屋面防水层上种植花卉、草皮等植物，阻隔太阳能、防止房间过热的隔热措施。植被茎叶的遮阳作用可以有效地降低屋面室外综合温度，减少屋面的温差传热量；同时植物的光合作用消耗太阳能用于自身的蒸腾，植物基层的土壤或水体的蒸发也将消耗太阳能，共同达到降温隔热的作用，除此之外也在美化环境、减轻污染方面具有重要作用。

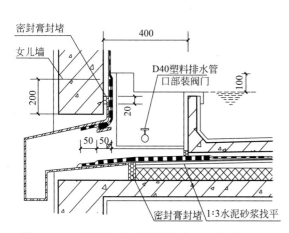

图6.4-6　蓄水屋面穿女儿墙水落口（尺寸：mm）

图6.4-7　种植隔热屋面

种植屋面构造层（图6.4-8）由下至上主要由保护层、排（蓄）水层、过滤层、基质层、植被层组成。

（1）保护层

保护层即防水层，为了防止雨水和灌溉水的渗入，也要求防水层能长时间抵抗植物根系穿透能力。可采用一道或多道防水设防，但最上面一道应为刚性防水层，要特别注意其

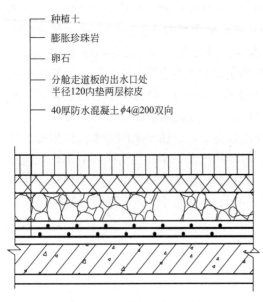

种植土
膨胀珍珠岩
卵石
分舱走道板的出水口处
半径120内垫两层棕皮
40厚防水混凝土φ4@200双向

图 6.4-8　种植隔热屋面构造（尺寸：mm）

防蚀处理，保护层材料要求有较强的可加工性和稳定性，且抗拉强度高、承载能力强，常见的有橡胶、合金、聚乙烯等。

（2）排（蓄）水层

种植屋面应有一定的排水坡度（1%～3%），在保护层上应铺设具有一定空隙和承载及蓄水功能的蓄排水层，将经过过滤多余的积水及时从空隙中汇集到泄水孔排出。常见的蓄排水层组成有塑料排水板、橡胶排水板或粒径为 20～50mm 的卵石等。

（3）过滤层

过滤层是用于保证排水功能正常，能阻止基质进入排水层，防止排水管泥砂淤积，一般采用既能透水又能过滤的材料，如聚酯纤维无纺布、环氧树脂涂覆的钢丝网等。

（4）基质层

基质层需满足植物基本生长条件，具有一定的渗透性、蓄水能力和空间稳定性，同时为了不过多增加荷载尽量选用轻质材料作为种植介质，常用的无土介质有谷壳、蛭石、珍珠岩、陶粒等，近年来还有以聚丙乙烯、尿甲醛等合成材料泡沫或岩棉、聚丙烯腈絮状纤维等为介质，其质量更轻、耐久性和保水性更好。种植屋面基质层介质的厚度应满足屋顶所栽种的植物生长需求，但一般不宜超过 30mm。

（5）种植层

种植层植物选择原则：不宜选用根系穿刺性较强的植物，已低矮灌木、草坪、地被植物和攀援植物等为主；选择易移植、耐修剪、可粗放管理、生长缓慢的植物；选择抗风、耐旱、耐高温、耐寒、耐盐碱、抗虫害的植物。

种植屋面需经常进行人工维护管理，因此四周应设女儿墙或护栏保证安全，还应设泄水管、排水管。当种植屋面为柔性防水层时，上面应设置刚性保护层。在种植屋面覆土前，为确保屋面防水质量要进行蓄水试验，确认无渗漏后才可覆土种植。种植隔热层的屋面坡度大于 20% 时，其排水层、种植土层应采取防位移措施。

思考题

1. 简述屋顶的作用。
2. 屋顶按照材料的不同，可以分为哪几种类型？分别适用于哪些建筑？
3. 屋顶的坡度有哪几种形成方式？
4. 画出卷材防水屋面构造示意图。
5. 简述坡屋顶有组织排水的类型。
6. 简述间层通风隔热、蓄水隔热、种植隔热三种隔热方式的优缺点。

第7章 门与窗

本章主要了解门窗的作用及门窗的材料；了解门窗洞口大小的确定；掌握门窗的选用与布置；掌握门窗的分类与构造。

7.1 概述

门窗形式及
设计要求

门和窗是建筑物中重要的围护部件，不仅保持了建筑空间的完整性，同时在安全、舒适及美观上也起到了不可忽视的作用。需要注意的是，门和窗不是承重结构，承载功能由墙体开洞后周围的墙体、过梁、框架的柱和梁等承重部件承担。门的主要作用是交通联系和安全疏散，窗的主要作用则是采光和通风，同时它俩兼顾保温、隔热、隔声、防火、防水、防尘、防盗等作用。

设计门窗时，必须依据相关规范和建筑使用要求，按《建筑模数协调标准》GB/T 50002—2013 的要求来决定其大小比例、尺度、造型、组合方式等，同时还应满足坚固耐久、开启方便、关闭紧密、便于清洁维修等要求，以求达到统一规格、降低成本、适应工业化生产的需求。

7.2 门窗的类型

7.2.1 门的形式

1. 按门的开启方式分类

门按照其开启方式通常可分为：平开门、推拉门、弹簧门、折叠门、卷帘门、转门等，如图 7.2-1 所示。

（1）平开门：平开门是水平开启的，它的铰链装于门扇的一侧与门框相连，使门扇围绕铰链轴转动。其门扇有单扇、双扇、向内开、向外开之分。平开门构造简单，开启灵活，生产制作简便，维修便捷，是建筑中最常见、使用最广泛的一种形式。

（2）推拉门：推拉门开启时，门扇沿着轨道向左右两边滑动，通常分为单扇和双扇，也可做成双轨道多扇或多轨道多扇，开启时门扇可隐藏于墙内，也可悬于墙外。根据轨道的位置，推拉门可分为上挂式和下滑式。当门扇高度小于 4m 时，一般采用上挂式推拉门，即在门扇的上部装置滑轮，滑轮吊在门过梁的预埋轨（上导轨）上；当门扇高度大于 4m 时，一般采用下滑式推拉门，即在门扇下部装滑轮，将滑轮置于地面的预埋轨（下导轨）上，如图 7.2-2 所示。为了保持门能稳定运行，要求导轨必须平直，并具有一定刚度，一般在下滑式推拉门的上部设置导向装置，较重型的上挂式推拉门则在门的下部设导向装置。推拉门开启时不占用空间，受力合理，不易变形，但构造较复杂，多用于工业建

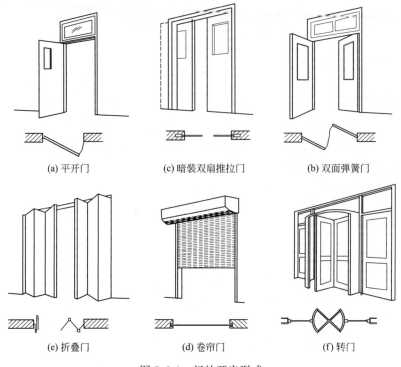

(a) 平开门　　　　　　　(c) 暗装双扇推拉门　　　　　　(b) 双面弹簧门

(e) 折叠门　　　　　　　　(d) 卷帘门　　　　　　　　　(f) 转门

图 7.2-1　门的开启形式

筑的仓库和车间大门，也常用于民用建筑内部空间分隔，还可用光电管或触动设施使推拉门自动启闭。

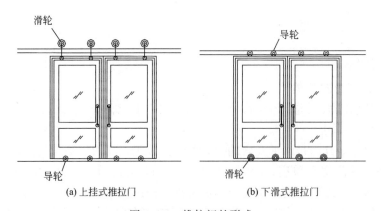

(a) 上挂式推拉门　　　　　　　　　　(b) 下滑式推拉门

图 7.2-2　推拉门的形式

（3）弹簧门：弹簧门的开启方式与平开门相同，只是将普通的铰链用弹簧铰链替代，借助弹簧的力量使门扇能向内、向外开启，并可以经常保持关闭状态。弹簧门美观大方，使用方便，多用于商业、学校、医院、办公等建筑，为避免人流相撞，门扇上一般镶嵌玻璃。

（4）折叠门：折叠门由多扇门连接而成，每扇门宽度为 500～1000mm，一般以600mm 为宜，适用于宽度较大的洞口。折叠门分为侧挂式折叠门和推拉式折叠门两种。

侧挂式折叠门与普通平开门相似，门扇之间用铰链连接而成，当使用普通铰链时，一般只能挂两扇门，若超过两扇门，则需使用特制铰链。推拉式折叠门与推拉门构造相似，在门顶或门底安装滑轮及导向装置，每扇门之间用铰链相连，开启时门扇通过滑轮沿着导向装置移动。折叠门开启时，门扇折叠在一起，可以少占空间，但构造较复杂，一般用于商业等公共建筑内部空间分隔。

（5）卷帘门：卷帘门是用金属页片或金属空格组成，可电动或手动开启，通过门洞上部的卷动转轴将门扇页片或空格卷起。卷帘门开启时不占室内外空间，但加工复杂，造价较高，常用于不经常启闭的高大门洞，如厂房、仓库、商业等建筑。

（6）转门：转门是由两个固定的弧形门套和垂直旋转的门扇构成，门扇绕竖轴旋转，通常为三扇门或四扇门。转门的保温性能较强，能在一定程度上隔绝室外空气流，适合寒冷地区公共建筑的外门，但不能作为疏散门。当设置在疏散口时，须在转门两侧另设疏散门。转门构造复杂，造价较高，不宜大量采用。

2. 按门的材料分类

门按照材料分类，可分为木门、钢板门、铝合金门、塑钢门、玻璃门和钢筋混凝土门等。木门、铝合金门、塑钢门、玻璃门在民用建筑中使用较广；钢筋混凝土门主要用于人防工程等特殊场合。

（1）木门：木门使用较普遍，但自身重量较大，易变形。门扇的做法很多，如拼板门、镶板门、夹板门、半截玻璃门等。

（2）钢板门：由钢框和钢板门扇构成，易受潮腐蚀，适用范围较少，可用于大型公共建筑和纪念性建筑中，但钢框木门目前广泛用于住宅建筑。

（3）铝合金门：铝合金门主要用于商业建筑和大型公共建筑物的主要出入口，表面呈银白色或青铜色，给人以轻松、舒适的感觉。

（4）钢筋混凝土门：此类门用于人防地下室的密闭门较多，但自重大，须妥善解决连接问题。

3. 按门的使用要求分类

门按照使用要求，可分为普通门、百叶门、保温门、隔声门、防盗门、防火门、防爆门等多种类型。通常应根据建筑使用要求进行合理选用。比较理想的是将防火、防盗、保温等要求综合，形成多功能门。

7.2.2 窗的形式

1. 按窗的开启方式分类

窗按照开启方式可分为平开窗、固定窗、推拉窗、立转窗、悬窗等，如图 7.2-3 所示。

（1）平开窗：平开窗的铰链安装在窗扇一侧，与窗框相连，可水平开启，有单扇、双扇、多扇及外开、内开之分。平开窗构造简单，开启灵活，生产制作及维修便捷，是民用建筑中应用最广泛的开启方式。

（2）固定窗：固定窗是指玻璃直接安装在窗框上，无窗扇，不能开启，仅供采光和眺望，无通风效果。固定窗构造简单、密闭性能好，常用于厂房、民用建筑走廊等处的玻璃窗或外门的亮子等。

（3）推拉窗：推拉窗的特点是窗扇沿着垂直或水平方向以推拉的方式启闭。垂直推拉

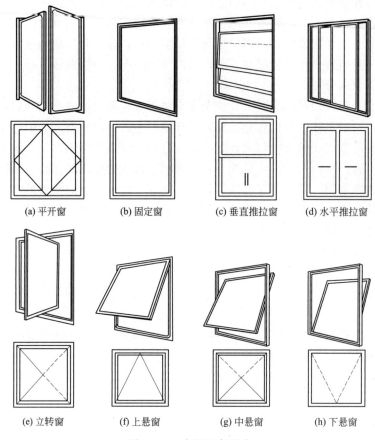

| (a) 平开窗 | (b) 固定窗 | (c) 垂直推拉窗 | (d) 水平推拉窗 |

| (e) 立转窗 | (f) 上悬窗 | (g) 中悬窗 | (h) 下悬窗 |

图 7.2-3　窗的开启形式

窗要有滑轮及平衡措施；水平推拉窗需要在窗扇上下设导轨，窗扇安置在导轨槽内。推拉窗的优点是窗扇受力状态好，开启时不占室内外空间，窗扇和玻璃的尺寸可以较大一些；但它不能全部开启，通风效果受到限制，其密闭性能较平开窗差。

（4）立转窗：立转窗的窗扇可围绕竖轴启闭，竖轴可以设置在窗扇中心，也可以设置在窗扇一侧。立转窗开启方便、通风效果良好，但密闭性和防水性差，不宜用于寒冷和多风沙地区。

（5）悬窗：悬窗的特点是窗扇围绕横轴启闭，根据横轴转动位置的不同，可分为上悬窗、中悬窗和下悬窗。上悬窗铰链安装在窗扇上边，一般向外开启，防雨效果好，多用于外门和窗上的亮子；中悬窗是在窗扇两边中部安装水平转轴，窗扇可绕水平轴转动，开启时窗扇上部向内，下部向外，通风及防水效果较好，常用于大空间建筑的高侧窗；下悬窗铰链安装在窗扇下边，一般向内开启，通风较好，但不防雨，一般用于内门上的亮子。

2. 按窗的材料分类

窗按照材料分类，可分为木窗、钢窗、塑钢窗、铝合金窗等类型。

（1）木窗：用经过干燥的、含水率在15％左右的不易变形的木材制成的窗。木材是传统门窗材料，其优点是适合手工制作，构造简单，但耗费木材、易变形，防水防火性能差，已逐渐被淘汰。

（2）钢窗：用热轧特殊断面的型钢制成的窗，分实腹和空腹两类。钢窗强度高、坚固耐久、挡光少、防火性能好，但易生锈、需要经常维护，且其封闭和热工性能较差，目前常用的是镀塑钢窗及彩板钢窗等。

（3）塑钢窗：用硬质塑料制成窗框和窗扇并用型钢加强而制成的窗。其优点是密封性和热工性能好、耐腐蚀、不变形，材料色彩多样，是我国推广的基本窗型之一，具有很好的发展前景；但缺点是耐久性较差，一般设计寿命为 10～20 年。

（4）铝合金窗：铝合金窗是采用铝镁硅系列合金型材制作而成的窗，也是我国目前应用较多的基本窗型之一，其断面为空腹，主要有银白和古铜色两种。铝合金窗质量轻、挺拔精致、密闭性能好；但强度低、易变形，热工性能不如塑钢窗。

3. 按窗的层数分类

窗按照层数，可分为单层窗、双层窗及双层中空玻璃窗等形式。其中双层中空玻璃即双层玻璃间含 4～12mm 厚空气间层，装在一个窗扇上，可为密封中空玻璃，也可留有透气孔。中空玻璃对提高窗的保温、隔声等建筑物理性能有较好效果。

7.3　门窗的设计要求

老子曰"埏埴以为器，当其无，有器之用。凿户牖以为室，当其无，有室之用。故有之以为利，无之以为用。"含义是指和泥制作陶器，有了器具中空的地方，才有器皿的作用。开凿门窗建造房屋，有了门窗四壁内的空虚部分，才有房屋的作用。其中"牖"即指建筑中的窗子；"户"即指室门。可见，门窗在建筑中是不可忽视的重要组成部分，既有具体功能，又有装饰艺术作用。

7.3.1　门的设计要求

门的设计应综合考虑以下几方面因素：

1. 门的尺度

门的尺度通常是指门洞的高、宽尺寸。门作为交通疏散口，其尺度取决于人体尺度、通行要求、搬运的家具设备大小及与建筑物的比例关系等，并应符合国家标准《建筑模数协调标准》GB/T 50002—2013 的规定。

民用建筑的门高一般不宜小于 2100mm，当设有亮子时，亮子高度一般为 300～600mm，则门洞高度一般为 2400～3000mm。公共建筑和工业建筑的门高可视需要适当提高。

单扇门宽度一般为 700～1000mm，双扇门为 1200～1800mm。宽度在 2100mm 以上时，由于门扇过宽易发生翘曲变形，同时也不利于开启，因此可做成三扇门、四扇门或双扇带固定扇的门。辅助房间（浴厕、贮藏室等）门的宽度可适当窄些，一般为 700～800mm。

民用建筑平开门尺寸参考表（mm）　　　　　　　　　　表 7.3-1

高(mm) ＼ 宽(mm)	700	800	900	1000	1500	1800	2400	3000	3300
2100	▯	▯	▯	—	—	—	—	—	—

续表

高(mm)＼宽(mm)	700	800	900	1000	1500	1800	2400	3000	3300
2400	⊞	⊞	⊞	⊞	⊞	—	—	—	—
2700		⊞	⊞	⊞	⊞	⊞	—	—	—
3000	—	—	—	⊞	⊞	⊞	⊞	⊞	⊞

为了使用方便，一般民用建筑门（木门、铝合金门、塑料门）均可直接选用标准图集。表7.3-1列举了部分民用建筑平开门的常用尺寸。

2. 门的位置

门的位置是否恰当直接影响到房间的使用情况，确定门的位置时要充分考虑到室内人员流动的特点和家具布置的要求，缩短交通路线，争取室内有较完整的使用空间和墙面，同时还应考虑到有利于组织自然采光和通风。

对于面积大、人流量集中的房间，如剧场、电影院、礼堂和体育馆的观众厅或多功能厅，其门的位置通常均匀设置，以利于快速安全地疏散人流。

3. 开启方式

门的开启方式类型很多，对于人数较少的房间，一般要求门向室内方向开启，以免影响走廊交通，如住宅、宿舍、办公室等；当使用人数较多的房间，如会议室、礼堂、教室、观众厅以及住宅单元入口门，考虑疏散的安全，门应向疏散方向开启；对有保温、防风沙要求，或人员出入频繁的房间，可采用转门或弹簧门。对于特殊建筑，如幼儿园建筑，为确保安全，不宜采用弹簧门；影剧院建筑观众厅疏散门严禁使用推拉门、卷帘门、折叠门、转门等，同时要求采用外开门，门的净宽度不应小于1.4m。

当房间门位置设置较集中时，要考虑同时开启发生碰撞的可能性，要协调好几个门的开启方向，防止门扇碰撞或交通不便，如图7.3-1所示。

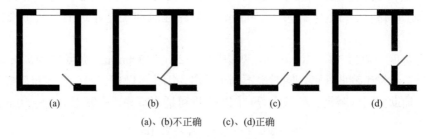

(a)　　　　(b)　　　　(c)　　　　(d)

(a)、(b)不正确　(c)、(d)正确

图7.3-1　门的相互位置关系

4. 其他

门是人员安全疏散的必经位置（主要指发生火灾以及地震时人员的撤离），防火等级和地震烈度不同的地区，人员安全疏散的时间就不同，门洞的数量和大小也不同。一般来

说，防火等级越低的建筑，人员安全疏散的时间越短，要求门洞的数量就越多、宽度越大。此外，门的设计还应符合下列规定：

（1）外门构造应开启方便，坚固耐用；

（2）手动开启的大门扇应有制动装置，推拉门应有防脱轨的措施；

（3）双面弹簧门应在可视高度部分装透明安全玻璃；

（4）旋转门、电动门、卷帘门和大型门的邻近应设平开疏散门或在门上设疏散门；

（5）开向疏散走道及楼梯间的门扇开足时，不应影响走道及楼梯平台的疏散宽度；

（6）全玻璃门应选用安全玻璃或采取防护措施，并应设防撞提示标志；

（7）门的开启不宜跨越变形缝。

7.3.2　窗的设计要求

窗的设计应综合考虑以下几方面因素：

1. 窗的尺度

窗的尺度主要取决于房间的采光通风、构造做法、建筑造型等要求，并应符合国家标准《建筑模数协调标准》GB/T 50002—2013 的规定。

一般平开窗的窗扇高度为 800～1200mm，宽度不宜大于 600mm，上、下悬窗的窗扇高度为 300～600mm，中悬窗的窗扇高度不宜高于 1200mm，宽度不宜大于 1000mm，推拉窗的高、宽均不宜大于 1500mm。各类窗的高度与宽度尺寸通常采用扩大模数 3M 数列作为洞口的标志尺寸，如表 7.3-2 所示。

水平木窗尺寸参考表（mm）　　　　　　　　　　表 7.3-2

宽\高	600	900	1200	1500 1800	2100 2400	3000 3300
900 1200						—
1200 1500 1800						
2100	—	—				
2400	—	—				

2. 采光要求

从采光要求来看，窗的面积与房间面积有一定的比例关系。窗面积的确定方式有两种：一种是窗地比，另一种是玻地比。其中，窗地比是窗洞口面积与房间净面积之比，主要建筑的窗地面积比如表 7.3-3 所示。

窗地比 表 7.3-3

建筑类别	房间或部位名称	窗地比
宿舍	居室、管理室、公共活动室、公用厨房	1/7
住宅	卧室、起居室、厨房	1/7
	楼梯间、走廊	1/12
托幼	音体活动室、活动室、寝室、乳儿室	1/5
	哺乳室、医务室、保健隔离室	1/5
	办公、辅助用房	1/5
教育建筑	各类教学教室、实验室、阅览室	1/5
	办公、辅助用房	1/5
	饮水处、厕所、淋浴、走道、楼梯间	1/10
医疗建筑	诊疗室、检查室	1/6
	病房、候诊室	1/7
办公建筑	设计室、绘图室	1/4
	办公室、会议室、复印室、档案室	1/6
图书馆	阅览室、开架书库	1/5
	闭架书库、走廊、楼梯、厕所	1/10

3. 使用要求

窗的自身尺寸以及窗台高度取决于人的行为和尺度，如图 7.3-2 所示。此外，对于一些要求室内光线充足或观赏室外景色的建筑，通常设置落地窗；而卫生间、浴室、更衣室等由于私密性的需要，以及商店由于柜台和货架的安置，一般设置高窗，即窗台高度为 1800mm 以上。

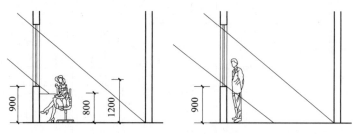

图 7.3-2 人的行为与窗尺度关系（尺寸：mm）

4. 节能要求

在节能环节上，窗占有一定比重，设计时，应根据不同的气候区要求使之符合窗墙面积比。同时，还应综合考虑外窗的气密性、水密性、抗风压性能及保温隔热性能等各项指标。

5. 其他

窗的设置还应符合下列规定：

（1）窗扇的开启形式应方便使用、安全和易于维修、清洗；

（2）当采用外开窗时应加强牢固窗扇的措施；

（3）开向公共走道的窗扇，其底面高度不应低于 2m；

（4）临空的窗台低于 0.8m 时，应采取防护措施，防护高度由楼地面起计算不应低于 0.8m；

（5）防火墙上必须开设窗洞时，应按防火规范设置；

（6）天窗应采用防破碎伤人的透光材料；

（7）天窗应有防冷凝水产生或引泄冷凝水的措施；

（8）天窗应便于开启、关闭、固定、防渗水并方便清洗。

7.4　门窗的构造

7.4.1　木门构造

1. 平开木门组成

门窗构造

平开木门是木门中使用最为广泛的一类，由门框、门扇、亮子、五金零件及其附件组成，如图 7.4-1 所示。五金零件一般有铰链、插销、门锁、拉手、门碰头等，附件有贴脸板、筒子板等。亮子又称腰头窗，在门上方，为辅助采光和通风之用。

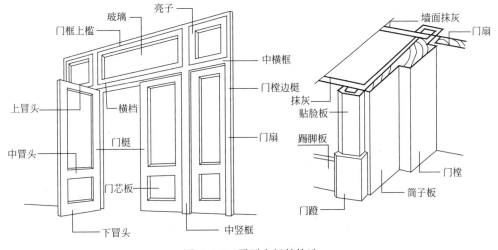

图 7.4-1　平开木门的构造

2. 门框

门框是门扇、亮子与墙的联系构件，由上框、边框、中横框、中竖框组成，一般不设下框。

门框的断面形式与门的类型和层数有关，同时应利于门的安装、具有一定密闭性，如图 7.4-2 所示。门框的断面尺寸主要考虑接榫牢固，还要考虑制作时刨光损耗，因此毛断面尺寸应比净断面尺寸大些。

为了便于门扇密闭，门框上要有裁口（或铲口）。根据门扇数与开启方式的不同，裁口的形式可分为单裁口与双裁口两种。单裁口用于单层门，双裁口用于双层门或弹簧门。裁口宽度要比门扇宽度大 1～2mm，以利于安装和门扇开启。裁口深度一般为 8～10mm。

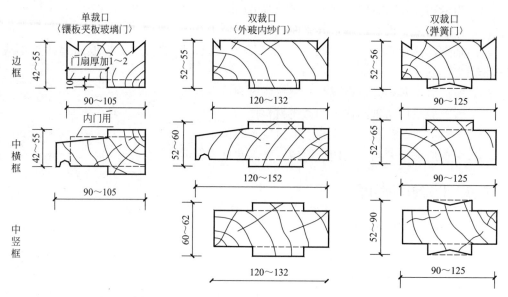

图 7.4-2　门框的断面形式与尺寸（尺寸：mm）

由于门框靠墙一面易受潮变形，故常在该面开 1～2 道背槽，以免产生翘曲变形，同时也利于门框的嵌固。背槽形式分为矩形或三角形，深度约 8～10mm，宽约 12～20mm。

门框的安装根据施工方式分后塞口和先立口两种，如图 7.4-3 所示。

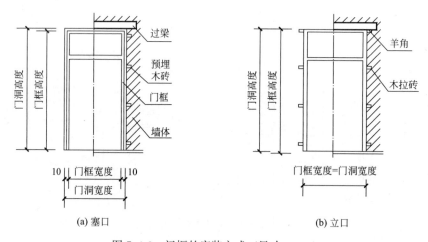

图 7.4-3　门框的安装方式（尺寸：mm）

塞口（又称塞樘子）是指在墙砌好后再安装门框的连接构造。采用此法，洞口的宽度应比门框大 20～30mm，高度比门框大 10～20mm。门洞两侧砖墙上每隔 500～600mm 预埋木砖或预留缺口，以便用圆钉或水泥砂浆将门框固定。门框与墙间的缝隙需用沥青麻丝嵌填，如图 7.4-4 所示。

立口（又称立樘子）在砌墙前用支撑先立门框后砌墙的连接构造。框与墙的结合紧密，但施工不便。

门框在墙洞中的位置，有门框内平、门框居墙中和门框外平三种情况，如图 7.4-5 所示，其中多与开启方向一侧平齐，尽可能使门扇开启时贴近墙面。为防止受潮变形，在门

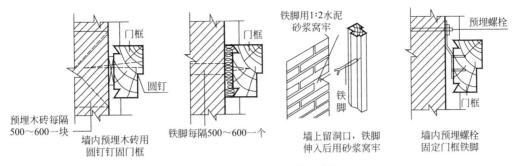

图 7.4-4 塞口门框在墙上安装（单位：mm）

框与墙的缝隙处做贴脸板和木压条盖缝，贴脸板一般为 15～20mm 厚、30～75mm 宽，木压条厚与宽均为 10～15mm。装修标准高的建筑，还可在门洞两侧和上方设筒子板。

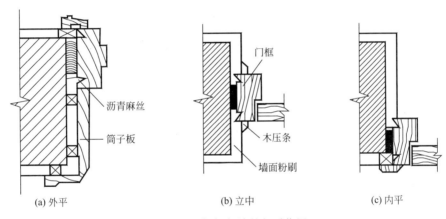

图 7.4-5 门框与墙的相对位置

3. 门扇

门扇按其构造方式不同，分为镶板门（包括玻璃门、纱门）和夹板门等。

（1）镶板门

镶板门门扇由骨架和门芯板组成。其中骨架由边梃、上冒头、中冒头（可做数根）和下冒头构成。构造简单，制作加工方便，适于在一般民用建筑作内门和外门。

镶板门骨架厚度一般为 40～45mm，宽度为 100～120mm。为了减少门扇的变形，下冒头的宽度一般加大至 160～250mm，并与边梃采用双榫结合。

门芯板一般采用 10～15mm 厚的木板拼成，也可采用胶合板、硬质纤维板、塑料板、玻璃和塑料纱等。当采用玻璃时，即为玻璃门，可以是半玻门或全玻门。若门芯板换成塑料纱（或铁纱），即为纱门。由于纱门轻，门扇骨架用料可小些。镶板门门扇的安装通常在地面完成后进行，门扇下部距地面应留出 5～8mm 的缝隙。

（2）夹板门

夹板门也称合板门，用断面较小的方木做成骨架，两面粘贴胶合板或纤维板构成。由于其构造简单，可利用小料、短料，自重轻，外形简洁，广泛用作民用建筑中的内门。夹板门的形式可以是全夹板门、带玻璃或带百叶夹板门。

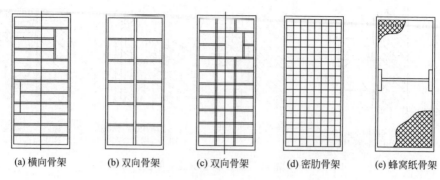

| (a) 横向骨架 | (b) 双向骨架 | (c) 双向骨架 | (d) 密肋骨架 | (e) 蜂窝纸骨架 |

图 7.4-6　夹板门的骨架形式

夹板门的骨架通常用厚约 30mm、宽 30～60mm 的木料做边框，中间的肋条用厚约 30mm，宽 10～25mm 的木条，做成横向骨架、双向骨架、蜂窝骨架等多种形式，如图 7.4-6 所示。骨架要求满足一定的刚度和强度，间距满足规范要求。为使骨架内空气对流，可在门扇的上冒头设置排气孔，如需提高门的保温隔声性能，可在夹板中间填加物料，如矿物毡，夹板门的构造如图 7.4-7 所示。

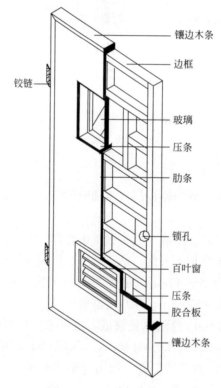

镶边木条
边框
铰链
玻璃
压条
肋条
锁孔
百叶窗
压条
胶合板
镶边木条

图 7.4-7　夹板门的构造

7.4.2　木窗构造

下面以平开木窗为例，对其构造进行介绍。

1. 木窗的组成

木窗主要由窗框、窗扇、五金件及附件组成，窗五金零件有铰链、风钩、插销等，附件有贴脸板、筒子板、木压条等，如图 7.4-8 所示。

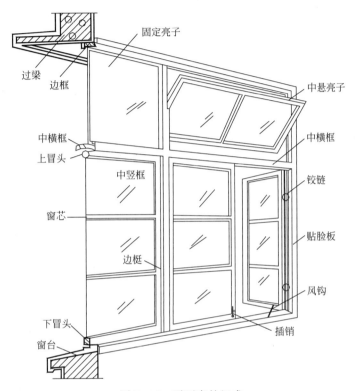

图 7.4-8 平开窗的组成

2. 窗框

最简单的窗框由边框及上下框组成。当窗的尺度较大时，应增加中横框或中竖框；通常在垂直方向有两个以上窗扇时应增加中横框；在水平方向有三个以上窗扇时，应增加中竖框。

（1）窗框的断面形式

确定窗框的断面尺寸时，应考虑接榫牢固，一般单层窗的窗框断面厚 40～60mm，宽 70～95mm（净尺寸），中横框和中竖框因两面有裁口，并且横框常设有披水（披水是为防止雨水流入室内而设），断面尺寸应相应增大。双层窗框的断面宽度应比单层窗宽 20～30mm。

窗框和门框一样，在构造上应有裁口及背槽处理，裁口也有单裁口和双裁口之分。

（2）窗框的安装

窗框的安装与门框一样，分塞口与立口两种。采用塞口时洞口的高、宽尺寸应比窗框尺寸大 10～20mm。

（3）窗框与墙体的相对位置

窗框在窗洞口中，与墙的位置关系一般是与内表面平齐，安装时窗框应突出砖面20mm，以便墙面粉刷后与抹灰面平齐。框与抹灰面交接处，应用贴脸板搭盖，以阻止由于抹灰干缩形成缝隙后风透入室内，同时可增加美观度。贴脸板的形状及尺寸与门的贴脸板相同。

当窗框立于墙中时，应内设窗台板，外设窗台。窗框外平时，靠室内一面设窗台板。窗台板可用木板，也可用预制水磨石板，如图7.4-9所示。

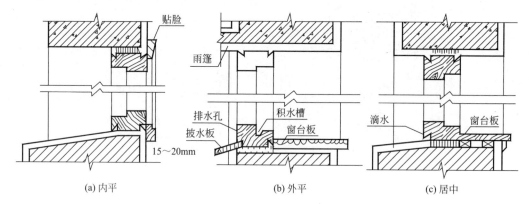

图7.4-9　木窗框在墙洞中的位置及窗框与墙缝的处理

3. 窗扇

常见的窗扇有玻璃扇、纱窗扇、百叶扇等。窗扇是由上下冒头和边梃榫接而成的，有的还用窗芯（又称为窗棂）分格。

（1）断面形式与尺寸

窗扇的上下冒头、边梃和窗芯均设有裁口，以便安装玻璃或窗纱。裁口深度约10mm，一般设在外侧。用于玻璃窗的边梃及上冒头，断面厚×宽为（35～40）mm×（50～60）mm；下冒头由于要承受窗扇重量，可适当加大。

（2）建筑用玻璃按其性能可分为普通平板玻璃、磨砂玻璃、压花玻璃、中空玻璃、钢化玻璃、夹层玻璃等。平板玻璃价格最为便宜，在民用建筑中大量使用；磨砂玻璃或压花玻璃可以遮挡视线；其他几种玻璃，则多用于有特殊要求的建筑中。

玻璃的安装一般用油灰或木压条嵌固。为使玻璃牢固地装于窗扇上，应先用小钉将玻璃卡住，再用油灰嵌固。对于不受雨水侵蚀的窗扇玻璃嵌固，也可用木压条镶嵌。

4. 窗扇与窗框的关系

（1）外开窗：窗扇向室外开启，窗框裁口在外侧，窗扇开启时不占空间、不影响室内活动，利于家具布置，防水性较好。但擦窗及维修不便，开启扇常受日光、雨雪侵蚀。外开窗构造如图7.4-10所示。为了利于防水，中横框常加作披水。

（2）内开窗：窗框裁口在内侧，窗扇向室内开启。擦窗安全、方便，窗扇受气候影响小。但开启时占据室内空间，影响家具布置和使用。同时，内开窗防水性差，因此需做特殊构造处理，如在窗扇的下冒头上做披水，在窗框的下框设排水孔等。

（3）内外开窗：可以采用单框内外双裁口，内外各一层窗扇，分别开向内外。内外扇形式、尺寸完全相同，构造简单，也称为共樘式双层扇。

7.4.3　铝合金门窗

随着建筑业的发展，木门窗、钢门窗已不能满足现代建筑对门窗越来越高的要求，铝合金门窗以其多样的优点得到广泛的应用。

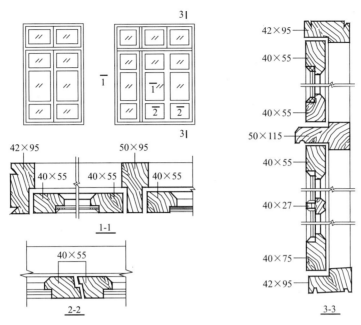

图 7.4-10 外开窗构造（单位：mm）

1. 铝合金门窗的特点

（1）质量轻

铝合金门、窗用料省、质量轻，每 $1m^2$ 耗用铝材平均只有 $80\sim120N$（钢门窗为 $170\sim200N$），较钢门窗轻 50% 左右。

（2）性能好

密封性好，气密性、水密性、隔声性、隔热性都较木门窗有显著的提高。因此，在装设空调设备的建筑中，对防潮、隔声、保温、隔热有特殊要求的建筑以及多台风、多暴雨、多风沙地区的建筑中更适用。

（3）耐腐蚀、坚固耐用

铝合金门窗不需要涂涂料，氧化层不褪色、不脱落，表面不需要维修。铝合金门、窗强度高，刚性好，坚固耐用，开闭轻便灵活，无噪声，安装快捷。

（4）色泽美观

铝合金门窗框料型材，表面经过氧化着色处理，既可保持铝材的银白色，也可以制成各种柔和的颜色或带色的花纹（如古铜色、暗红色、黑色等），还可以在铝材表面涂刷一层聚丙烯酸树脂保护装饰膜，制成的铝合金门窗造型新颖大方，表面光洁，外表美观，色泽牢固，增加了建筑立面和内部的美感。

2. 铝合金门窗的设计要求

（1）应根据使用和安全要求确定铝合金门窗的风压强度性能、雨水渗漏性能、空气渗透性能综合指标。

（2）组合门窗的设计宜采用定型产品门窗作为组合单元；非定型产品的设计应考虑洞口最大尺寸和开启扇最大尺寸的选择和控制。

（3）外墙门窗的安装高度应有限制。通常，外墙铝合金门窗安装高度小于等于 60m

（不包括玻璃幕墙），层数小于等于 20 层；如果高度大于 60m 或层数超过 20 层，则应进行更细致的设计，必要时还应进行风洞模型试验。

3. 铝合金门窗框料系列

系列名称是以铝合金门窗框的厚度构造尺寸来区别各种铝合金门窗的称谓。例如，平开门门框厚度构造尺寸为 50mm 宽，即称为 50 系列铝合金平开门；推拉窗窗框厚度构造尺寸为 90mm 宽，即称为 90 系列铝合金推拉窗等。

铝合金门窗设计通常采用定型产品，选用时应根据不同地区、不同气候、不同环境、不同建筑物的不同使用要求，选用不同的门窗框系列。

4. 铝合金门窗的安装

铝合金门窗是表面处理过的铝材经下料、打孔、铣槽、攻丝等加工，制作成门窗框料构件，然后与连接件、密封件、开闭五金件一起组合装配成门窗，如图 7.4-11 所示。

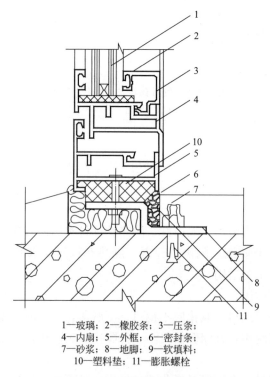

1—玻璃；2—橡胶条；3—压条；
4—内扇；5—外框；6—密封条；
7—砂浆；8—地脚；9—软填料；
10—塑料垫；11—膨胀螺栓

图 7.4-11 铝合金门窗安装节点

门窗安装时，将门窗框在抹灰前立于门窗洞处，与墙内预埋件对齐，然后用木楔将三边固定。经检验确定门窗框水平、垂直、无挠曲后，用连接件将铝合金框固定在墙（柱、梁）上，连接件固定可采用焊接、膨胀螺栓或射钉连接的方法。

门窗框固定好后，与门窗洞四周的缝隙一般采用软质保温材料填塞，如泡沫塑料条、泡沫聚氨酯条、矿棉毡条和玻璃丝毡条等，分层填实，外表留 5～8mm 深的槽口用密封膏密封。这种做法主要是为了防止门窗框四周形成冷热交换区而产生结露，影响防寒、防风的正常功能和墙体的寿命，也有利于建筑物的隔声、保温等功能。同时，避免了门窗框直接与混凝土、水泥砂浆接触，消除了碱对门窗框的腐蚀。

门窗框与墙体等的连接固定点，每边不得少于两点，且间距不得大于 0.7m。在基本风压大于等于 0.7kPa 的地区，不得大于 0.5m；边框端部的距离不得大于 0.2m。

铝合金窗玻璃镶嵌可采用干式装配、湿式装配和混合装配，如图 7.4-12 所示。

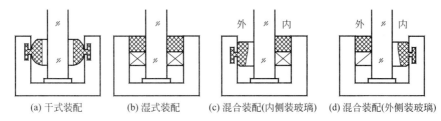

(a) 干式装配　　(b) 湿式装配　　(c) 混合装配(内侧装玻璃)　　(d) 混合装配(外侧装玻璃)

图 7.4-12　铝合金窗玻璃镶嵌方式

干式装配是采用密封条嵌入玻璃与槽壁的空隙将玻璃固定；湿式装配是在玻璃与槽壁的空腔内注入密封胶填缝，密封胶固化后将玻璃固定，并将缝隙密封起来；混合装配是一侧空腔嵌入密封条，另一侧空腔注入密封胶填缝密封固定。混合装配分为从内侧安装玻璃和从外侧安装玻璃两种，从内侧安装玻璃时，外侧先固定密封条，玻璃定位后，对内侧空腔注入密封胶填缝固定。湿式装配的水密性能、气密性能均优于干式装配，而且当使用的密封胶为硅酮密封胶时，其寿命远比使用密封条长。

5. 常用铝合金门窗构造

（1）平开窗

铝合金平开窗分为合页平开窗和滑轴平开窗。

平开窗合页装于窗侧面，窗开启后，用撑挡固定，撑挡有外开启上撑挡、内开启下撑挡。平开窗关闭后应用执手固定。滑轴平开窗是在窗上下装有滑轴（撑），沿边框开启，滑轴平开窗仅开启撑挡，不同于合页平开窗。

隐框平开窗玻璃不用镶嵌夹持，而是用密封胶固定在窗梃的外表面。由于所有框梃全部在玻璃后面，外表面只看到玻璃，从而达到隐框的要求。

寒冷地区或有特殊要求的房间宜采用双层窗。双层窗有不同的开启方式，常用的有内层窗内开、外层窗外开，如图 7.4-13（a）所示，也可采用双层均内开，如图 7.4-13（b）所示和双层均外开。

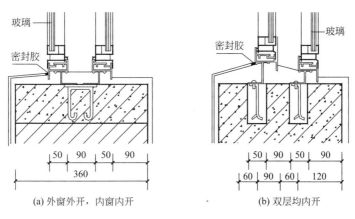

(a) 外窗外开，内窗内开　　　　(b) 双层均内开

图 7.4-13　双层窗（尺寸：mm）

（2）推拉窗

铝合金推拉窗有沿水平方向左右推拉和沿垂直方向上下推拉两种形式，沿垂直方向推拉的窗使用较少。铝合金推拉窗外形美观、采光面积大、开启不占空间、防水及隔声效果均佳，并具有很好的气密性和水密性，广泛用于各类建筑。

推拉窗可用拼樘料（杆件）组合其他形式的窗或门连窗。推拉窗可装配各种形式的内外纱窗，纱窗可拆卸，也可固定（外装）。推拉窗在下框或中横框两端铣切100mm，或在中间开设其他形式的排水孔，使雨水及时排除。

7.4.4 塑钢门窗

塑钢门窗是以改性硬质聚氯乙烯（简称UPVC）为主要原料，加上一定比例的稳定剂、着色剂、填充剂、紫外线吸收剂等辅助剂，经挤压机挤成各种截面的空腹门窗异型材，再根据不同的品种规格选用不同截面异型材料组装而成。由于塑料的变形大、刚度差，一般在型材内腔加入钢或铝等，以增加抗弯能力，即塑钢门窗，较之全塑门窗刚度更好，质量更轻。塑钢门窗具有如下优点：

（1）强度好，耐冲击；

（2）保温隔热，节约能源；

（3）隔声好；

（4）气密性、水密性好；

（5）耐腐蚀性强；

（6）防火；

（7）耐老化，使用寿命长；

（8）外观精美，清洗容易；

（9）塑钢门窗的异型材是中空的，各种缝紧密且装有弹性密封。

常用的塑钢门有平开门、弹簧门、推拉门等；常用的塑钢窗有固定窗、平开窗、推拉窗、水平悬窗和立式悬窗等。图7.4-14是塑钢推拉窗构造。

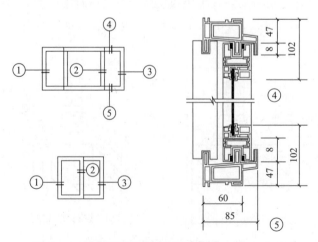

图7.4-14 塑钢推拉窗构造图（尺寸：mm）（一）

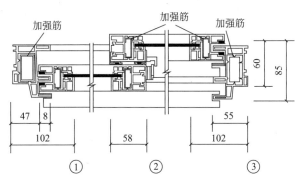

图 7.4-14　塑钢推拉窗构造图（尺寸：mm）（二）

7.5　门窗的节能

门窗是建筑围护结构中热工性能最薄弱的部位，其损耗的采暖和制冷热能约占整个建筑能耗的40%～50%，无论在建筑能耗中还是在建筑节能中，门窗都是关键部位。门窗要达到好的节能效果，其选择应根据当地气候条件、建筑功能要求、建筑形式等因素综合考虑，满足国家节能设计标准对门窗设计指标的要求。

7.5.1　门窗节能设计规定指标

在建筑设计中，应根据建筑所处地区的气候分区，恰当地选择门窗材料和构造方式，使建筑外门窗的热工性能符合该地区建筑节能设计标准的相关规定。

1. 窗墙比

窗墙比是窗户面积与窗户所在墙面积的比值。不同地区、不同朝向的太阳辐射强度和日照率不同，窗户所获得的热也不相同，因此，南向应大些，其他朝向窗墙比应小些。各地区节能设计标准对不同建筑和各朝向的窗墙比限值都有详细的规定。

2. 传热系数

不同的外门窗材料、构造方法，其传热系数也不相同，外门窗传热系数应根据计量认证质检机构提供的检测值采用。常用的外门窗传热系数见表 7.5-1。

常用建筑外门窗传热系数和遮阳系数　　　　　表 7.5-1

类型	建筑户门、外窗及阳台门名称	传热系数 K [W/(m²·K)]	遮阳（遮蔽）系数（SC）
—	多功能户门（具有保温、隔声、防盗等功能）	1.5	
—	夹板门或蜂窝夹板门	2.5	
—	双层玻璃门	2.5	
铝合金	单层普通玻璃窗	6.0～6.5	0.8～0.9
	单框普通中空玻璃窗	3.6～4.2	0.75～0.85
	单框低辐射中空玻璃	2.7～3.4	0.4～0.44
	双层普通玻璃窗	3.0	0.75～0.85

续表

类型	建筑户门、外窗及阳台门名称	传热系数 K [W/(m² · K)]	遮阳（遮蔽）系数（SC）
断热铝合金	单框普通中空玻璃窗	3.3～3.5	0.75～0.85
	单框低辐射中空玻璃窗	2.3～3.0	0.4～0.55
塑料	单层普通玻璃窗	4.5～4.9	0.8～0.9
	单框普通中空玻璃窗	2.7～3.0	0.75～0.85
	单框低辐射中空玻璃窗	2.0～2.4	0.4～0.55
	双层普通玻璃窗	2.3	0.75～0.85

3. 门窗综合遮阳系数

遮阳是为了防止阳光直射入室内，减少太阳辐射热，避免夏季室内过热，或产生眩光以及保护室内物品不受阳光照射而采取的一种建筑措施。

（1）遮阳的类型

建筑遮阳的方法很多，如室外绿化、室内窗帘、设置百叶窗等均是有效方法，但对于太阳辐射强烈的地区，外窗应设置专用遮阳措施，以降低建筑空调能耗。遮阳种类很多，结合立面造型，运用钢筋混凝土构件作遮阳处理，通常分为水平遮阳、垂直遮阳、综合遮阳、挡板遮阳等，如图 7.5-1 所示。

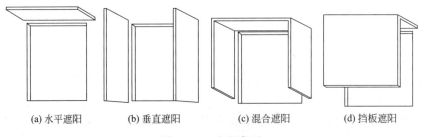

(a) 水平遮阳　　　(b) 垂直遮阳　　　(c) 混合遮阳　　　(d) 挡板遮阳

图 7.5-1　遮阳类型

水平遮阳：在窗上方设置一定宽度的水平方向的遮阳板，能够遮挡从窗口上方照射来的阳光，适用于南向及偏南的窗口、北回归线以南的低纬度地区的北向及偏北向的窗口。水平遮阳板可做成实心板，也可做成网格板或者百叶板。

垂直遮阳：在窗口两侧设置垂直方向的遮阳板，能够遮挡从窗口两侧斜射过来的阳光。根据阳光的来向可采取不同的做法，如垂直遮阳板可垂直墙面，也可与墙面形成一定的垂直夹角。垂直遮阳适用于偏东、偏西的南向或北向窗口。

混合遮阳：混合遮阳是水平遮阳和垂直遮阳的综合形式，能够遮挡从窗口两侧及上方射进的阳光，遮阳效果比较均匀。混合遮阳适用于南向、东南向及西南向的窗口。

挡板遮阳：挡板遮阳是在窗口前方离窗口一定距离设置与窗口平行的垂直挡板，垂直挡板可以有效地遮挡高度角较小的正射窗口的阳光。挡板遮阳主要适用于西向、东向及其附近的窗口。挡板遮阳遮挡了阳光，同时也遮挡了通风和视线，所以遮阳挡板可以做成格栅式或百叶式挡板。

以上四种基本遮阳形式还可以组合成各种样式，设计时应根据不同的纬度地区、不同的窗口朝向、不同的房间使用要求和建筑立面造型等选用具体的形式。

（2）综合遮阳系数

外窗遮阳效果是外窗本身遮阳和建筑外遮阳的共同作用。

外窗的遮阳效果用综合遮阳系数（SC）来衡量，其影响因素有外窗本身的遮阳性能和外遮阳的遮阳性能。

有外遮阳时：综合遮阳系数（SC）＝外窗遮阳系数（SCc）×外遮阳系数（SD）

无外遮阳时：综合遮阳系数（SC）＝外窗遮阳系数（SCc）

外窗本身的遮阳系数（SCc）＝玻璃遮阳系数 SC_B×（1－窗框面积 F_K/窗面积 F_C）

可见光透射比：是指可见光透过透明材质的光通量与透射在其表面的光通量之比，表明透光材质透光性能的好坏。对于公共建筑，当建筑窗墙比小于 0.4 时，玻璃（或其他透明材质）的可见光透射比不应小于 0.4。

外窗空气渗透系数：即外窗的气密性等级，是指外窗或幕墙的开启部分在关闭状态下，阻止空气渗透的能力。窗本身一般具有开启扇，打开时进行室内外空气对流，但在关闭时的开启缝隙不是绝对密闭的，另外型材的拼接缝隙、玻璃镶嵌缝隙都会产生渗漏。门窗气密性按照分级标准分为 8 级，设计时应根据当地气候条件进行选择。构造上为了有效降低空气渗透热损失，提高气密、水密、隔声、保温、隔热等主要物理性能，可在门窗全周边采用高性能密封技术，从密封材料、密封结构及室内换气构造等方面来实现。

7.5.2　门窗节能设计

1. 选择适宜的窗墙比

门窗的节能
设计

仅从节约建筑能耗方面来说，窗墙比越小越好，但窗墙比过小又会影响窗户的正常采光、通风和太阳能利用。因此，应根据建筑所处的气候分区、建筑类型、使用功能、门窗方位等选择适宜的窗墙比，达到既满足建筑造型的需要又能符合建筑节能的要求。

2. 加强门窗的保温隔热性能

改善门窗的保温性能主要是提高热阻，选用传热系数小的门窗框、玻璃材料，从门窗的制作、安装方面提高其气密性能，如图 7.5-2～图 7.5-6 所示。

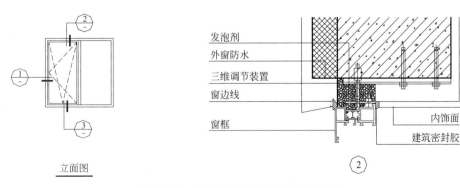

图 7.5-2　铝合金节能门窗节点图（一）

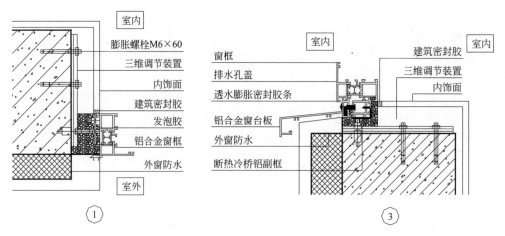

图 7.5-2 铝合金节能门窗节点图（二）

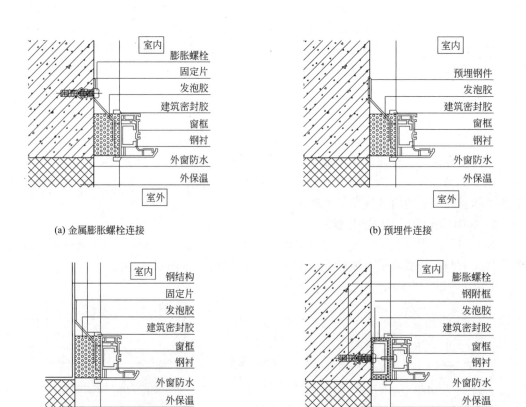

(a) 金属膨胀螺栓连接

(b) 预埋件连接

(c) 钢结构焊接连接

(d) 钢附框连接

图 7.5-3 塑料节能门窗节点图

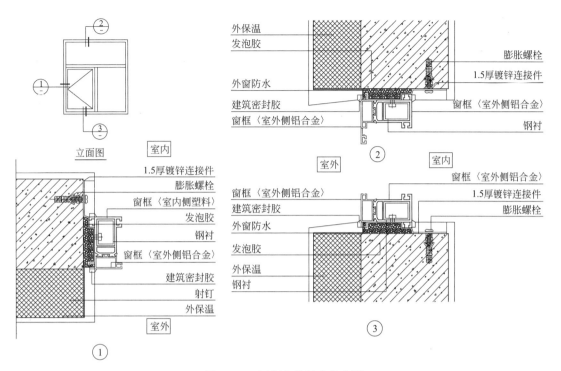

图 7.5-4　铝塑节能门窗节点图

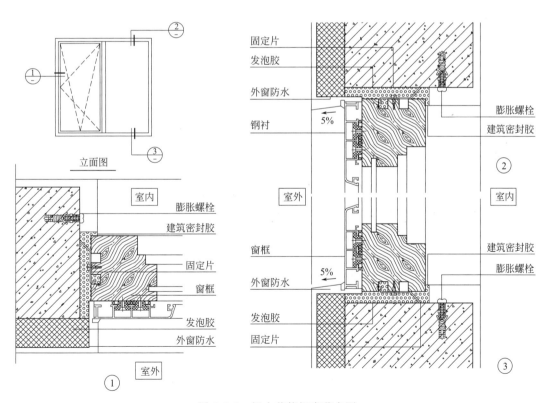

图 7.5-5　铝木节能门窗节点图

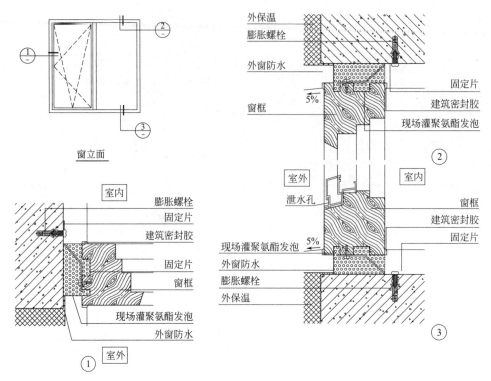

图 7.5-6　木节能门窗节点图

　　门窗的隔热性能在南方炎热地区尤其重要，提高隔热性能主要靠两个途径：一是采用合理的建筑外遮阳、设计挑檐、遮阳板、活动遮阳措施等；二是选择玻璃时，选用合适的遮阳系数，也可采用对太阳红外线反射能力强的热反射材料贴膜。

思考题

1. 门窗的作用和要求？
2. 门按照开启方式分有哪几种，各自的特点和使用范围？
3. 窗按照开启方式分有哪几种，各自的特点和使用范围？
4. 简述铝合金门窗的特点和安装要点。
5. 遮阳板的设置有哪几种形式？各有什么特点？

第8章 变形缝

变形缝

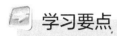
本章主要学习变形缝的设置原理及伸缩缝、沉降缝、防震缝的设置要求和细部构造做法，重点掌握伸缩缝、沉降缝、防震缝的不同设置要求和细部构造做法。

8.1 概述

建筑作为人类最复杂的工艺品，在自然界中不可避免承受昼夜温差、地基不均匀沉降和地震因素，结构内部产生附加应力，常使建筑物产生裂缝甚至破坏。预先在变形敏感的部位将建筑物断开，预留缝隙，使建筑的各部分成为独立单元，预留缝隙称为变形缝。

变形缝作用是防止和减轻由于温度变化，基础不均匀沉降和地震造成的破坏。

变形缝按照作用可分为防止和减轻由于温度变化造成破坏的伸缩缝、防止和减轻由于基础不均匀沉降造成破坏的沉降缝、防止和减轻由于地震造成破坏的防震缝三种。

8.2 变形缝设置原理及要求

8.2.1 伸缩缝

建筑的伸缩缝是指为防止建筑物构件由于气候温度变化（热胀、冷缩），使结构产生裂缝或破坏而沿建筑物或者构筑物长边方向的适当部位设置的一条构造缝。伸缩缝是将基础以上的建筑构件如柱子、墙体、梁、楼板、屋顶（木屋顶除外）等分成两个独立部分，使建筑物或构筑物沿长方向可做水平伸缩。

伸缩缝作用为防止房屋因气候变化而产生裂缝。

沿建筑物长度方向每隔一定距离预留缝隙，将建筑物从屋顶、墙体、楼层等基础以上构件全部断开，建筑物基础因其埋在地下受温度变化影响小，不必断开。伸缩缝的宽度一般为20~40mm。伸缩缝设置在适当位置，将建筑物化大为小。

砌体房屋伸缩缝的最大间距应符合表8.2-1的规定。

砌体房屋伸缩缝的最大间距 表8.2-1

砌体类别	屋盖或楼盖类别		间距(m)
各种砌体	整体式或装配整体式钢筋混凝土结构	有保温层或隔热层的屋盖、楼盖	50
		无保温层或隔热层的屋盖	40
	装配式无檩体系钢筋混凝土结构	有保温层或隔热层的屋盖、楼盖	60
		无保温层或隔热层的屋盖	50

砌体类别	屋盖或楼盖类别		间距（m）
各种砌体	装配式有檩体系钢筋混凝土结构	有保温层或隔热层的屋盖	75
		无保温层或隔热层的屋盖	60
	瓦材屋盖、木屋盖或楼盖、轻钢屋盖		100

注：1. 层高大于 5m 的混合结构单层房屋伸缩缝的间距可按表中数值乘以 1.3 后采用。但当墙体采用硅酸盐砖、硅酸盐砌块和混凝土砌筑时，不得大于 75m。

　　2. 严寒地区、不采暖的温度差较大且变化频繁地区，墙体伸缩缝的间距，应按表中数值予以适当减少后采用。

　　3. 墙体的伸缩缝内应嵌以轻质可塑材料，在进行立面处理时，必须使缝隙能起伸缩作用。

1. 墙体伸缩缝

墙体伸缩缝一般做成平缝、错口缝、企口缝等截面形式，主要视墙体材料、厚度及施工条件而定。为防止外界自然条件对墙体及室内环境的侵袭，变形缝外墙一侧常用浸沥青的麻丝或木丝板及泡沫塑料条、橡胶条、油膏等有弹性的防水材料塞缝。当缝隙较宽时，缝口可用镀锌铁皮、彩色薄钢板、铝皮等金属调节片做盖缝处理。内墙可用具有一定装饰效果的金属片、塑料片或木盖缝条覆盖。所有填缝及盖缝材料和构造应保证结构在水平方向自由伸缩而不产生破裂。

2. 楼地板伸缩缝

楼地板层伸缩缝的位置与缝宽大小应与墙体、屋顶变形缝一致，缝内常用可压缩变形的材料（如油膏、沥青麻丝、橡胶、金属或塑料调节片等）做封缝处理，上铺活动盖板或橡胶、塑料地板等地面材料，以满足地面平整、光洁、防滑、防水及防尘等功能。顶棚的盖缝条只能固定于一端，以保证两端构件能自由伸缩变形（图 8.2-1、图 8.2-2）。

图 8.2-1　楼地板层伸缩缝一

图 8.2-2　楼地板层伸缩缝二

3. 屋顶伸缩缝

屋顶伸缩缝常见的位置在同一标高屋顶处或墙与屋顶高低错落处（图 8.2-3）。不上人屋面，一般可在伸缩缝处加砌矮墙，并做好屋面防水和泛水处理，其基本要求同屋顶泛水构造，不同之处在于盖缝处应能允许自由伸缩而不造成渗漏。上人屋面则用嵌缝油膏嵌缝并做好泛水处理。值得注意的是，采用镀锌铁皮和防腐木砖的构造方式在屋面中使用，其寿命是有限的，少则十余年，多则四五十年就会锈蚀腐烂。故近年来逐步采用涂层、涂塑薄钢板或铝皮甚至用不锈钢皮和射钉、膨胀螺钉等来代替。

图 8.2-3　屋顶伸缩缝

8.2.2　沉降缝

为防止建筑物各部分由于地基不均匀沉降引起房屋破坏所设置的垂直缝称为沉降缝。当房屋相邻部分的高度、荷载和结构形式差别很大而地基又较弱时，房屋有可能产生不均匀沉降，致使某些薄弱部位开裂。为此，应在适当位置如复杂的平面或体形转折处、高度变化处、荷载、地基的压缩性和地基处理的方法明显不同处设置沉降缝。

凡属下列情况应设置沉降缝：

1. 当建筑物建造在不同的地基土壤上时。

2. 当同一建筑物的相邻部分高度相差两层以上或部分高度差超过 10m 时。

3. 当同一建筑相邻基础的结构体系、宽度和埋置深度相差悬殊时。

4. 原有建筑物和新建建筑物紧相毗连时。

5. 建筑平面形状复杂，高度变化较多时，应将建筑物划分为几个简单的体型，在各部分之间设置沉降缝。

沉降缝的设置特点为从屋顶到基础全部断开。沉降缝的设置宽度应根据基础情况和建筑物高度确定。沉降缝的盖缝条应固定在缝的一边或单独分两边固定。

沉降缝和抗震缝设置的要求基本相同，有时二者可以在同一处设置，即设置一道缝既可以作为抗震缝也可以作为沉降缝。沉降缝的宽度参见表 8.2-2。

沉降缝宽度 　　　　　　　　　　　　　　　　　　　　　　　　　表 8.2-2

地基性质	房屋高度 H	缝宽 B（mm）
一般地基	＜5m	30
	5～10m	50
	10～15m	70
软弱地基	2～3 层	50～80
	4～5 层	80～120
	5 层以上	＞120
湿陷性黄土地基		≥30～70

注：沉降缝两侧单元层数不同时，由于高层影响，低层倾斜往往很大，因此宽度按高层确定。

8.2.3 防震缝

防震缝是指地震区设计房屋时，为防止地震使房屋破坏，应用防震缝将房屋分成若干形体简单、结构刚度均匀的独立部分，为减轻或防止相邻结构单元由地震作用引起的碰撞而预先设置的间隙。

在设防烈度 7、8、9 度地区，有下列情况之一时，建筑宜设防震缝：

1. 建筑立面高差在 6m 以上。

2. 建筑有错层且错层楼板高差较大。

3. 建筑各相邻部分结构刚度、质量截然不同。

防震缝宽度可采用 50～100mm。缝两侧均需设置墙体，以加强防震缝两侧房屋刚度。防震缝要沿着建筑全高设置，缝两侧应布置双墙或者双柱，或一墙一柱，使各部分结构都有较好的刚度。

防震缝应与伸缩缝、沉降缝统一布置，并满足防震缝的要求。一般情况下，设防震缝时，基础可以不分开。

钢筋混凝土框架结构防震缝宽度如表 8.2-3 所示。

钢筋混凝土框架结构防震缝宽度   表 8.2-3

建筑高度 设防烈度	≤15m	>15m
7		每增高 4m，增加 20mm
8	70mm	每增高 3m，增加 20mm
9		每增高 2m，增加 20mm

8.3 变形缝细部构造

1. 变形缝细部构造应满足的要求

承载能力：建筑变形缝装置的承载能力应符合主体结构相应部位的设计要求。

防火：有防火要求的建筑变形缝装置应配套安装阻火带，采取合理的防火措施，并应符合国家现行防火设计标准的要求。

防水：有防水要求的建筑变形缝装置应配置安装防水卷材，采取合理的防水、排水措施。

节能：有节能要求的建筑变形缝装置应符合国家现行建筑节能标准的要求。

防脆断：寒冷及严寒地区的建筑变形缝装置应符合防脆断的要求，宜选压型金属类产品。

防坠落：高层建筑外墙变形缝装置应采取合理措施，防止高空坠落。

防震：用于防震性能的建筑变形缝装置应符合抗震设计中非结构构件要求。

防腐蚀：五金件与铝合金基座相接部分应采取防止电腐蚀措施，主要受力五金件应进行承载力验算。

建筑变形缝装置的材料和施工应符合环保要求。

2. 建筑变形缝装置的阻火带、止水带和保温构造

（1）阻火带：建筑变形缝的阻火带根据需要设置，应符合《建筑设计防火规范》GB

50016—2014（2018 年版）对燃烧性能、耐火极限的要求。

阻火带的设置位置：①楼板、屋面板应设在结构梁或板部位；②外墙应设在墙体内侧；③内墙应设在火灾危险性较高房间一侧。

（2）止水带

① 屋面变形缝是屋面防水构造的"薄弱环节"，需将屋面卷材防水层贯穿通过屋面缝并加强防水节点的可靠性。

② 外墙变形缝根据使用要求做防水构造，外墙缝部位在室内外相通时，必须做防水构造。

③ 楼面变形缝的止水带只适应无防水构造的楼面偶尔有拖擦楼面少量用水时的使用条件。有防水要求的楼面应由建筑专业按工程建设标准进行防水设计。

（3）保温构造

建筑物的外围护结构的变形缝，应依据建筑热工要求做保温构造，屋面变形缝的保温构造位置，应与所在屋面的保温层位置对应；外墙变形缝的保温构造位置应与所在墙体的保温层位置一致。建筑变形缝装置的阻火带、止水带和保温构造示意详见图 8.3-1。

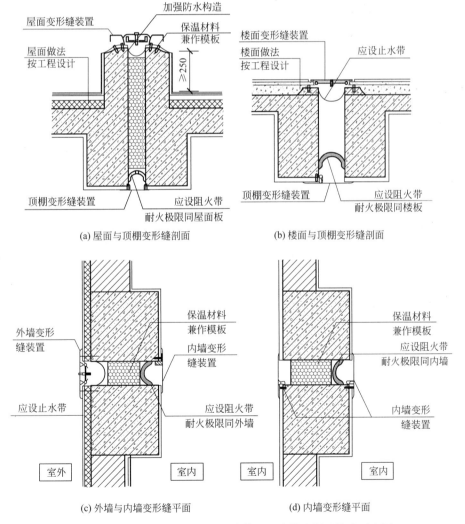

(a) 屋面与顶棚变形缝剖面　　　　(b) 楼面与顶棚变形缝剖面

(c) 外墙与内墙变形缝平面　　　　(d) 内墙变形缝平面

图 8.3-1　建筑变形缝装置的阻火带、止水带和保温构造示意图

思考题

1. 变形缝有哪几种？每一种的设置原则和构造要求有哪些？
2. 请结合具体建筑案例，谈谈不同变形缝设置应考虑哪些因素。
3. 校园内的建筑物有哪些设置了变形缝？分别采用了哪些盖缝构造做法？